NF文庫
ノンフィクション

最後の海軍兵学校

昭和二〇年「岩国分校」の記録

菅原 完

潮書房光人新社

はじめに

「海軍兵学校」といえば、NHKドラマ「坂の上の雲」や大映映画「海軍兵学校物語 ああ江田島」などをご覧になった読者は、広島湾に浮かぶ白砂青松の江田島にある、刈り込まれた芝生に囲まれて建つ赤煉瓦の旧生徒館や花崗岩の大講堂などを連想されるのではないだろうか。

太平洋戦争も三年目の一九四三年(昭和一八年)の終わりになると、大量の海軍士官の卵を養成するため、江田島の兵学校(以下「本校」という)だけでは生徒を収容できなくなり、同年一一月、それまでの三倍以上に膨れ上がった七五期生三三七八名の入校に先立って、岩国海軍航空隊内に岩国分校が開校した。続いて、一九四四年一〇月、七六期生三〇二八名を収容するため、本校の北西約二キロのところに木造二階建ての大原分校も開校した。その後も大原においては生徒館の増築が続き、翌一九四五年四月に入校した七七期生三一一五名の受け入れ態勢が整ったのである。

しかし、これらの分校に関する資料は少なく、戦後七〇年を経て関係者の多くも他界し、知る術もなくなり始めている。たまたま、筆者は一九四五年四月、岩国に配属されたので、当時のことをまとめ、帝国海軍終焉時の岩国分校の様子をお伝えしたい。

そこで、できるだけ正確な記述をと努力はしたが、人間の記憶は年月の経過とともに薄れ、ときには変わることもあるという。幸いにして、本書を書くにあたって調べた文献や資料、またクラスメートへの問い合わせなどが筆者の記憶を蘇らせ、新しく発見したことや確認できたことも多々あった。

しかし、記録や証言が存在するにもかかわらず、肝心な筆者の記憶が喪失したり、また逆に、筆者の記憶は鮮明であるが、それを裏付ける資料や証言が見つからなかったりすることも少なからずあった。このような次第で、往事茫茫、心ならずも完璧を期すことができなかった場合もある。とお断りすることで、読者のご理解をいただければ幸いである。

なお、本書に掲載したイラストでは、生徒が白地の事業服と、そのトレードマークであった一年中白い帽日覆(ぼうひおおい)を着けた軍帽を着用しているが、戦局の悪化とともに空襲時には目立たないようにとの配慮により、一九四四年秋から三種軍装に似た褐青色（薄い草色）の略装、略帽を着用するようになった。それゆえ、筆者たちの前のクラスからは事業服を着たことがない。先輩方の中には、非常にシンプルなデザインであるが着やすく、ズボンもベルトではなくて紐で締め、着たときのきりっとした着心地を知らないのは気の毒、といわれる方もある。ネームプレートは右胸乳真上に付けていた。

最後の海軍兵学校　目次

第三章　岩国分校の教育と生活

第四章　分校の日々、疎開そして敗戦

〈写真・イラスト提供〉
「丸」編集部、米国立公文書館、海軍兵学校七七期会、海上自衛隊
第1術科学校教育参考館、江田島考古学会勝手連、竹村俊彦氏

最後の海軍兵学校

第一章
海軍兵学校を目指して

多くの若者がその狭き門を目指した海軍兵学校

中学生時代、そして太平洋戦争

筆者が中学に入学した一九四一年（昭和一六年）は、日中戦争（当時は「支那事変」といった）も泥沼の四年目に入り、日本はブレーキの利かない車が坂道を転がり始めたように、戦争に向けてひた走りに走り始め、世の中が急速に戦時色一色に塗り潰された年である。

まず一月、陸軍大臣東条英機が全陸軍将兵に対し「戦陣訓」を告示した。「本訓・其の二第八・名を惜しむ」により捕虜になることが禁じられたが、これは陸軍だけではなく海軍将兵や全国民をも呪縛し、サイパンの邦人や沖縄県民の集団自決とも無関係ではないといわれている。

三月には国民学校令が公布され、四月からは、それまでの小学校制度を廃止して国民学校が発足した。小学校最後の卒業生となった筆者たちには入学試験（筆記）はなく、内申と面接だけで四月に山口県立防府中学に入学した。そして筆者たちの学年から、制服が国防色と呼ばれるカーキー色に、帽子も陸軍式の戦闘帽に変わったのである。服の生地は木綿とスフ（人造絹糸。ステープル・ファイバーの略）の混紡で、摩擦に弱く、肘や膝が抜けやすい代物である。この制服の変更や後述する勤労奉仕については、東京近辺で中学生生活を送ったクラスメートの自叙伝にもあるので、文部省（当時）通達などで、全国的に統一されていたことがうかがえる。

登校、下校時にはゲートル（布製の巻脚絆）着用、道路の左側を二列縦隊で歩き、上級生が適宜指揮者になって、先生に出会うと、「歩調取れ、かしらー（頭）右。……なおれ」と号令をかける。先生も軍服を真似た国民服なるものを着て、これも戦闘帽に似た帽子を被り、挙手の答礼をしていた。

昭和 16、17 年頃の中学生と女学生の服装

学校の正門の傍には、奉安殿と呼ばれる神社に似た小さな建物に御真影（天皇、皇后の写真）、「教育勅語」（一八九〇年＝明治二三年発布）と「青少年学徒に賜りたる勅語」（一九三九年＝昭和一四年発布）が安置され、その前を通るときは停まって正対し、最敬礼（脱帽して上体を四五度曲げる礼）をすることになった。

この年に米や小麦粉が配給制になっているが、学校から帰れば、おやつには母親が工面した何らかの甘いものもあった。太平洋戦争が始まったのが二学期の終わりである。緒戦の大戦果に全国民が酔いしれて、「米英、恐るるに足らず」の戦勝気分が津々浦々にまで浸透し、それが長期間尾を引いたのも、敗因の一つに繋がったのではないだろうか。友人や家族との話題も、勉強や日常生活のことはそっちのけ、戦局一辺倒になっていた。

一九四二年（昭和一七年）四月、進級して二年生になったが、歴史や地理のような「不要不急」な科目の時間は、軍事教練や勤労奉仕がこれに取って代わった。それゆえ、筆者たちは東洋史や西洋史はいうにおよばず、世界地理も全然勉強していない。体育や武道の代わりに、駆け足行軍や手榴弾投擲（とうてき）、障害物乗り越えなど、戦技を模した「修練」という新しい科目が導入された。そして、配属将校（連隊から派遣された陸軍将校）からは、修練の成績が悪いと上級学校に行けないぞと脅かされたものである。一部の上級生は、先生に隠れて下級生を制裁し始めた。

農繁期には勤労奉仕で、働き手が出征して人手不足になった農家に、学校を挙げて稲刈りや麦刈りの手伝いに行った。嬉しかったのは、昼食に洗濯盥（たらい）のように大きな底の浅い米櫃（こめびつ）に、山盛りの銀飯（白米のご飯）のむすびを振る舞ってもらったことである。おかずは沢庵だけ。それでも当時としては大ご馳走であった。前出のクラスメートの自叙伝にも「農家の手伝いでは、空腹が満たされるのが唯一の救いで、労働は左程つらいとは思わなかった」とある。主食の配給は米だけではなく、すでに麦やその他の雑穀が混じっていたのであろう。

この年、食糧管理法が制定され、味噌、醤油といった調味料も国家管理になっている。配給だけでは足りないので、母親がヤミ（一九三九年＝昭和一四年に制定された価格等統制令による公定価格よりも高い値段でひそかに売買すること）や、伝手を頼って食料を入手していたのであろうか、まだ極端な飢餓感に苛まれたことはなかったが、甘いものはすでに姿を消していたように思う。

一九四三年（昭和一八年）、中学三年生になったころ、なけなしの衣料切符（衣料を配給するため、政府が発行した点数制の切符）をはたいて購入した制服が破れた。当て布をして刺子のように補強すれば、そこは丈夫になるが、補強した境目からまた破れる。当時の中学生は、素足、下駄履きでゲートルを巻き、肘と膝に大きく継ぎ当てした制服を着て、腰のベルトに手拭（木綿とスフ混紡の薄い日本手拭）を挟んでいたが、さすがに下駄履きで教錬や修練をした記憶はない。配給の地下足袋か何かを工面し、履いていたのかもしれない。

英語は敵性語ということで選択科目になり、大半の学校でその授業が廃止された。筆者たちの中学もその例外ではなく、英語の嫌いな生徒は喜んでいた。野球でも、ストライクは「ヨシ」、ボールは「ダメ」といったとか。

この年は学徒出陣の年でもある。高等工業学校に在学していた兄は、秋になると繰り上げ卒業で、海軍の短期現役技術士官を志願して入隊した。また、防府(ほうふ)海軍通信学校（現航空自衛隊防府南基地）が郊外の南側に開設されて、街には海軍色があふれ、海軍を身近に感じるようになっていた。

三学期になると、郊外の北側にできた陸軍の飛行場（現航空自衛隊防府北基地）で、掩体(えんたい)造りが各学校に割り当てられた。掩体とは、空襲時に爆弾の破片や爆風から飛行機を防護するため、一辺が十数メートルの「コ」の字形に土を数メートルの高さまで盛り上げたものである。毎朝、家から直接飛行場に集合する。シャベルや鍬で土を掘り起こし、「もっこ」を担いで掩体まで運ぶ。土が一〇センチくらいの厚さになると、柄の付いた板で叩いてならし、芝生を植える。また一〇センチくらいまで土を盛り上げてならし、芝生を植える。この作業を繰り返して、数メートルの高さまで土を盛り上げるのである。飛行場には一式戦闘機「隼(はやぶさ)」や四式戦闘機「疾風(はやて)」が配備され、実戦さながらの猛訓練に励んでいたが、事故もときおり起きていた。

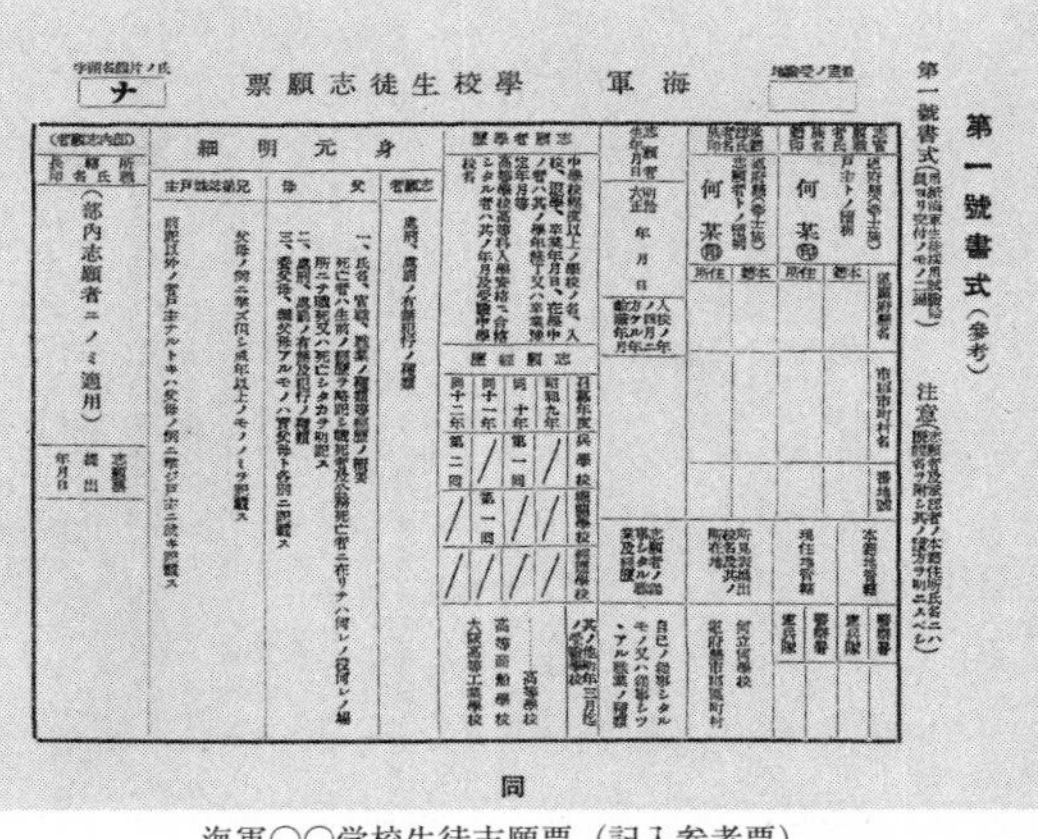
第一號書式（參考）

海軍　學校生徒志願票

ナ

身元明細

志願者學歷

志願經歷

昭和九年　同　十年　同十一年　同十二年

第一回　第二回

何某㊞　何某㊞

（部内志願者ニノミ適用）

同

海軍○○学校生徒志願票（記入参考票）

　このようにして、中学三年生の三学期といえば、上級学校の受験準備のための大切な時期であるが、授業らしい授業はまったくなく、大根飯（量を増やすため、大根を刻んで米と一緒に炊いたもの）の弁当で空き腹を抱え、寒風吹きすさぶ飛行場での掩体造りも、学期末までにようやく終わった。

　そして、四月からまた学校に通い始めた。四年生ともなれば、進学を真剣に考えなければならない時期である。しかし、戦局は日ごとに不利になる一方で、徴兵年齢も満一九歳に引き下げられ、大学、高専に進学しても十分に勉学できる保証はなく、学徒動員、そしていずれは軍隊に入隊することになる。それならばいっそのこと陸士か海兵、または甲飛（海軍甲種飛行予科練習生）を受験して早く軍隊に入ったほうがよいというのが、筆者たちの一般的な考えになっていた。

四月上旬、受験手続きにしたがって、中学の校長経由で兵学校に志願書類を提出した。「昭和二〇年度海軍生徒志願者心得」によれば、「志願者資格」は、

（一）大正一四年（一九二五年）一〇月二日より昭和四年（一九二九年）一〇月一日迄に生まれた者
（二）学歴制限なし
（三）学力は、中等学校第四学年第一学期修了程度を標準とする
（四）略――

となっている。

英語は敵性語ということで、すでにその授業は廃止されていたが、兵学校の試験科目には英語があった。これは戦後に知ったことであるが、当時の兵学校長井上成美中将（後大将）は、開戦前から敗戦を予知し、海軍がなくなった後、生徒たちが英語で困ることがないようにとの配慮から「どこの国の海軍に、自国語一つしか話せないような兵科将校がいるか。そのような者が世界へ出て、一人前の海軍士官として通用するわけがない。外国語一つマスターする気のないような少年は、海軍のほうでこれを

必要としない」といって英語教育を廃止せず、受験科目にも英語があった。
戦後、有名になった井上校長については、後述する。

兵学校を受験

身体検査は五月中旬、山口市（県庁所在地）にある山口中学に行って受験した。提出書類の中にキャビネ判の「上半身裸体、下半身はパンツ一枚」の写真を台紙に貼ったものが求められていた。願書と一緒に郵送したか、身体検査当日持参したかは定かではない。当時、筆者は一六歳未満だったので、身長一四九センチ、体重四〇キロ、胸囲七二センチ、胸廓拡張五センチ、肺活量二六〇〇ｃｃ、握力二二キロ、裸眼視力各一・〇の基準に達していなければならなかった。

視力検査は試視力表ではなく、検査器の小さな穴に上下左右の一部分が欠けた輪が表示され、その欠けた部分をいわされた。聴力検査では、二〇名くらいが右向きに間隔を詰めて並んで目を閉じ、手を開いて待機し、検査をする看護兵曹が竹の先に懐中時計をぶら下げて右から左に移動させて音が聴こえたら手を握り、聴こえなくなったら開かされた。終われば、左向きになって同様な検査が行なわれた。

変わっていたのは、腕力検査のため、天井から垂直に吊り下げたロープに、片手で一〇秒くらいぶら下がった記憶がある。検査に合格し、間もなく身体検査合格証が送られてきた。

学科試験は七月二〇日〜二四日、暑い盛りに、やはり山口中学で受験した。試験の間、知人宅に泊めてもらったが、米や食糧を持参した。

兵学校の試験は総合点で合否を決めるのではなく、国語漢文、歴史、数学、理科物象、英語で、科目ごとに定められた点数を稼ぐ必要があった。試験は毎日午前中に行なわれ、午後になると試験場に張り出された受験番号を書いた大きな紙で当日の結果が発表された。不合格者の受験番号は墨で消され、前述の受験写真が無造作にその下に置いてある。

初日の国漢と歴史では不合格者はなかったが、翌日が一番難関な数学で、多数の受験者、おそらく半数以上が振るい落とされ、不合格者の写真がうず高く積み上げられているのを見た記憶がある。三日目が理科物象、四日目が英語。サバイバル・ゲームに似た試験が終わると、最終日が面接。それが終わると制服の採寸、それですべてが終わって、後は合格通知を一日千秋の思いで待つばかりという気持ちにさせてくれるが、現実はそんなに甘いものではない。

学科試験修了者のうち生徒採用になった者の割合は、六〇期の後半で四人弱に一人、七〇期の初めで三人に一人という資料があるので、採用人数が増えた筆者たちの場合でも、二人に一人くらいの割合だったのではないだろうか。筆者たちのクラスの受験者総数は、四万七八〇二名、合格者三一一五名（舞鶴分校を除く）という資料がある。合格率は六・五％、すなわち一五名に一人である。

また、憲兵隊による身上調査があったのは周知のとおりであるが、受験者が海軍生徒採用委員宛に願書を提出し、委員から受理のハガキが送付されると同時に、兵学校長名義で受験者の本籍地の市町村宛に調査依頼書が行き、市町村役場から父兄宛の身上調査書類（一、父母兄弟姉妹欄、二、父母兄弟姉妹記事欄、三、財産）の記入依頼がなされている。言い換えれば、憲兵隊による身上調査に先立って、兵学校独自の身上調査も行なわれていたのである。

一学期が終わるのを待っていたかのように、学徒動員の準備が始まった。六月下旬、米海軍はマリアナ沖海戦で日本海軍の機動艦隊を撃破し、サイパン、テニアン、グアムを占領して長大な滑走路を建設、戦略爆撃で日本を屈服させようとしていた。戦争は、ひしひしと日本本土に向けて近づいていたのである。今日、冷静に考えてみると、このときに太平洋戦争の趨勢は、すでに決まったといえるのではないか。

戦局の逼迫に伴い、学校は半ば閉鎖された。五年生は近所の軍需工場に通い、筆者たち四年生全員が、県内の他の中学や女学校の生徒と一緒に光海軍工廠に動員され、砲熕(ほうこう)部、製鋼部、水雷部などの工場で働くことになった。防府中学の校史によると、動員日は八月二八日となっている。筆者のクラスは水雷部の鋳造工場に配属された。魚雷に搭載する内燃機関の部品造りで、現場の班に組み入れられて、工員と一緒に働くのである。

九月八日、待ちに待った合格発表があった。しかし、『カイヘイゴウカク」イインテウ』の電報は家に届いたので、母親が受け取って中学に連絡。その後、中学から光工廠で生徒に付き添っていた担任の教師経由で筆者たちに知らされたのではないだろうか。電報を見て、家族と一緒に喜んだ記憶がない。

これで動員は間もなく解除されると喜んだのも束の間、五年生や浪人して受験した者、そして四年生の年長組だけが一〇月に入校し、筆者たち年少組は翌一九四五年四月に入校と通知された。志願者心得では一九四四年末入校予定となっていたのでそのつもりでいたのであるが、切歯扼腕(せっしやくわん)してもどうにもならない。今考えてみると、この時点では大原分校の生徒館八棟が完成していなかったのである。また、年少組だけをひとまとめにしたのは、発育盛りの中学生のこの時期の一年間というハンデを考慮したものであろう。引き続き工員生活である。入校が四月と決まっていたので、三月初めには動員解除になって帰宅し、入校までの約一ヵ月間は、比較的のんびりした日々を過ごした記憶がある。

ここで年少組について付言すると、筆者は最近まで、筆者たちのクラスは総員が四卒（当時、中学の五年制が四年制に改編されたので、四年生で卒業）と思っていたが、三修（三年生終了）もいたのである。前述の「志願者資格」にもあるとおり、昭和四年一〇月一日迄に生まれた者は、三年生であっても受験資格があった。当時も東京には駿台予備校などには陸士海兵科があり、そこに通って、四年一学期修了程度の学力を習得して受験した者もいたという。三修生徒は自分が三修であることをひた隠しにしていたのか、筆者の周囲にもいたかもしれないが、まったく気付かなかった。

余談であるが、ある先輩は当時を振り返って「七七期を見たら、まだあどけない少年たちであった。まさに『江田島幼稚園』である。体つきが幼くて『これで訓練に耐えられるだろうか』と心配になるくらい。したがって『こいつらをまともに殴ったら壊れてしまうのではないか』と怖くなって殴れず。先輩は結局殴られ損に終わって、『貯金残高』（殴られた数－殴った数）は大分残ったままになった」、と述懐しておられる。「大根飯」のような食料事情の悪化により、若者の発育も不良になっていたのではないか。

入校までに半年以上の期間があるので、海軍生徒採用予定者としての矜持を持たせることを意図してか、海軍省人事局から翼と錨を組み合わせたデザインの胸章を制服の左胸に縫い付け、モールス信号も暗記するようにとの指示があった。モールス信号については、イ＝伊東、ロ＝路上歩行などの合調音で覚えると後日弊害が生じるので、トン、ツーで覚えるようにとの注意書きがあった。また、入校時に持参する物品（到着時に着用している衣類の返送用荷造り用品、楊子、歯磨、手拭、筆入れ、万年筆、小形三角定規、印判、針、糸、小型手帳、英和・和英辞書、漢和辞書、国語辞書など）についても指示があった。

兵学校に合格し「芋虫が蝶になる」

三月になると、前述のように、筆者たちの学年から中学は四年制になったので卒業はしたが、卒業式はなく、卒業証書も後日家に郵送された。終戦の翌年、筆者たちの次のクラスは希望者だけが四年制で卒業、残りの者はさらに一年勉強して、五年制で翌々年に卒業している。したがって四年制で卒業したのは筆者たちのクラス全員と、次のクラスの希望者だけ、ということになる。

一方、戦局は急速に悪化し、三月一〇日は東京の大空襲。三月二六日には硫黄島が陥落。四月一日、遂に米軍は沖縄本島に上陸した。

入校式は四月一〇日であったが、身体検査や諸準備のため、四月五日、江田島に向かった。もう二度とこの家に帰ってくることもないであろうと、万感胸に迫る思いで仏壇に燈明を上げて手を合わせた。母親が駅まで見送るというのを断って玄関先で別れを告げ、午前五時頃、家を後にした。戦後クラスメートに聞くと、大半の者が二度と家に帰ることはないと覚悟して家族と別れた、と話している。三田尻駅（現防府駅）で、採用予定者の中学時代のクラスメート一〇名余りと合流して上り列車に乗り込んだ。当時、広島までは約三時間の行程である。

吉浦の桟橋から初めて江田島を望む

広島で呉線に乗り換えれば、吉浦までは小一時間かかる。途中、心配した空襲警報も発令されず、無事一〇時過ぎ吉浦に着いた。吉浦の桟橋付近には、採用予定者と思しき若者が大勢、小用(こよう)行きの船便を待っていた。兵学校の汽艇と民営の連絡船が運航していたが、どちらに乗ったか記憶がない。海を見ながら便船を待っていると、中年の男性から「未来のアドミラルですか」と話しかけられた。どのような返事をしたか覚えていないが、当時の若者で栄達を願う者はいなかったと思う。おこがましいい方かもしれないが、救国の念に燃え、一日でも早く戦列に参加し、およばずながら仇敵に一矢報いたいとの気持ちに駆られていたのである。

小用に着いてから徒歩約二〇分、峠を越え、勝海舟の筆になる「海軍兵学校」の門標を掲げた校門（正門は表桟橋）を入ると視界がパッと明るく開け、「桜花咲く　緑の風に……」の歌詞どおり、満開の桜が印象的であった。

第二章
海軍兵学校の概要

軍艦旗掲揚

ここで本題から若干逸脱するが、本書を一層ご理解いただくため、兵学校の概要について、簡単に紹介したい。

兵学校の教育方針

訓育と学術教育

兵学校の教育方針は、「海軍兵学校教育綱領」に示され、その第一条は、「海軍兵学校生徒ノ教育ハ只管聖諭（ひたすらせいゆ）ヲ奉体シ本分ヲ堅守シテ尽忠報国ノ赤誠ニ徴シタル剛健有為ノ海軍兵科将校ヲ養成スルヲ以テ根幹トシ徳性ヲ涵養シ体力ヲ錬成シ学術ヲ習得シ以テ海軍兵科将校トシテ軍務ヲ遂行スルニ必要ナル基礎ヲ確立スルヲ本質トス」と規定されている。

海軍兵学校江田島本校の遠景

兵学校教育の特色である訓育と、学術教育の概要は次のとおりである。

一、訓育（学術教育以外の精神教育、訓練、勤務、体育など）

（一）精神教育：勅諭奉読（勅諭勅語奉読、衍義(えんぎ)）、訓話（訓辞、訓諭、講話）

（二）訓練

教練：艦砲、陸戦、短艇、信号

作業：厳冬訓練、酷暑訓練（遊泳）、射撃訓練、乗艦航空実習、棒倒し、総短艇橈漕(とうそう)訓練、観兵観艇式、防火防空訓練。その他、短艇週間（分隊対抗短艇競技、宮島遠漕）、武道週間（柔剣道、銃剣術競技）、短艇巡航（二号以上）、

白亜の西生徒館、右の木立奥が赤煉瓦の東生徒館

幕営、野外訓練（陸戦）、移動訓練、兎狩り、総艦艇出動

（三）勤務

日課作業：隊務（生徒隊、部、分隊）、儀式、軍艦旗掲揚、神社参拝、皇居遥拝、戦公死者銘碑礼拝、教育参考館利用、聖訓奉唱、五省自習、自選作業、軍歌、号令演習、口頭試問、生徒講話、課題作業、礼法（含テーブル・マナー）

諸点検：分隊点検、構内点検、生徒館点検、被服点検、銃器点検、短艇点検、定時点検

（四）体育

武道：柔道、剣道、銃剣術

体操

体技：闘球、籠球、走技、投技、野球、綱引き、相撲、弓道、馬術、登山行軍など

二、学術教育

入校式が行なわれた大講堂

（一）普通学部

数学科：代数、微分積分、確立論（確率論、誤差学）、三角法（平面、球面）、幾何（平面、立体、平面解析、立体解析）

理化学科：物理、化学、力学

文学科：精神科学（心理、論理、倫理、哲学概論）、歴史（日本史、東洋史、西洋近世史）、地理（世界地理概論、太平洋兵要地理）、国語、漢文

外国語科：英語

（二）軍事学部

運用科：運用、短艇、応急、造船

航海科：航海、気象、海洋、信号、見張

砲術科：艦砲、標的、照射、陸戦

水雷科：魚雷、水雷、潜水艦

通信科：無線通信、暗号

航空科：航空

神殿のような柱に圧倒される教育参考館

機関科：機関、電機、図学、工作
統率科：兵術大要、軍政（軍制、法制、経済、衛生）、軍隊統率学、軍隊教育学
乗艦実習科：練習艦船による実務練習

これらの学術教育は、低学年のうちは普通学が多く、進級するにつれて軍事学が多くなる。これは、前述の「教育綱領」の普通学（数学、理化学）の記事に、「軍事学習得上ノ基礎ヲ了得（りょうとく）セシメルト共ニ一般教育ヲ向上セシム」とあることから理解できる。また、国語、外国語の記事では、「一般教育ノ向上ヲ旨トシ英語ハ極初歩ノ程度ニ止ム」とある。世間では、一般教育といえば、戦後のアメリカ流教育により初めて導入されたと思われているが、兵学校では早くから採用していた教育理念であった。

以上、訓育と学術教育の課目を麗々しく列挙したが、筆者たちの在校期間は僅々四ヵ月強である。岩国においては空襲警報発令のたびに愛宕山に、久賀に疎開後の一ヵ月は環境整備や防空壕の構築、終戦間際には空襲警報発令のたびに八田山（やあたやま）か蜜柑山に退避したので、実際に勉強した期間は、二ヵ月程度ではないだろうか。

兵学校と永平寺

一二二四年（寛元二年）、道元禅師が越前の山間で永平寺を開いて以来、そこでの修行僧の教育方針には、「頭でなく、身体で道を悟得させる。そこに至るまでの過程が修行である。修行は、朝起きてから夜寝るまで、すべてにまたがる。分刻みで日課を組み立て、一刻たりとも気を緩めない。それが修行である」という記述がある。仏の道に至る修行と、国家の干城として、世界中のどこの国の海軍将校にも遜色のない海軍将校を養成するための教育との違いはあるが、それぞれの目指す「道」に至るための精進である。簡素、合理的、身体で覚えさせる、分刻みの日課、気を緩めさせない。両者の間には、数々の共通点があるのは興味深い。

歴代の兵学校長

校長は、それぞれ特色のある教育方針を打ち出している。七〇期～七二期の校長草鹿任一中将（三七期。三九代、一九四一年四月～四二年一〇月）は、「着任に際し校長訓示」で、「軍人としての職責上、絶対に必要なことは何であるか。それはもちろん『戦に強い』ということである。本校における教育の本旨も、帰するところは真に強い軍人をつくり上げることである」と訓示し、生徒を戦争になるべく結びつけた軍事

海軍兵学校第39代校長
草鹿任一中将

第40代校長
井上成美中将

第43代校長
栗田健男中将

優先の教育をしている。そして、生徒に戦争の話を聞かせることに積極的だったそうである。

これに反し、次の校長井上成美中将（三七期。四〇代、一九四二年一〇月〜四四年八月）は、第一次世界大戦において、英国の上流階級が勇敢に戦ったのは、ジェントルマンが持っている義務感や責任感（noblesse oblige）によるもので、士官として必要なのは、（丁稚教育による）下士官的な専門技術ではなく教養であるとして、「国家への義務感と責任感を持った教養のあるジェントルマンをつくる」ことが「戦に強い軍人をつくる」ことと考えていた。そして井上校長は、生徒には戦争の話をしないようにと、教官に指示している。方法は違っても、二人とも、目的は同じであったといえる。

七三期〜七五期は、井上校長に対して深い敬慕の念を抱いている。東北大学の池田清名誉教授（七三期）は、「井上校長の存在なくしては兵学校教育の本質は語られないであろう。校長は赴任後、『教育漫語』と題する教官への講話集を発表している。この漫語を一貫する教育理念は五〇年後の今日の学校教育においても、なお貴重な指針を与えるであろう。（中略）優れた軍政家井上中将は教育者としてもずば抜けた存在であった」と絶賛している。しかし、「その卓見も生徒数の急増、食料不足、修業年限の短縮による詰め込み教育、戦局の悪化による影響などにより、残念ながらほとんど実現されなかったような気がする」と、ある先輩は述懐しておられる。

昭和20年の海軍兵学校本校副校長
ならびに各分校の教頭兼監事長

副校長
本校教頭兼監事長
大西新蔵中将

岩国分校
教頭兼監事長
矢牧章少将

大原分校
教頭兼監事長
堀江義一郎少将

舞鶴分校
教頭兼監事長
日高為範少将

筆者たちが入校したときの校長は、栗田建男中将（三八期。四三代、一九四五年一月〜一〇月）である。通常、井上校長のすぐ後が栗田校長のように思われているが、井上校長の退任は一九四四年八月で、栗田校長はレイテ湾海戦（一〇月二三～二五日）当時、第二艦隊司令長官であるから、計算が合わなくなる。この間に四一代校長大河内伝七中将と四二代校長小松輝久中将の着退任がある。ともに三七期で、大河内校長は八月五日着任、一〇月二二日連合艦隊司令部付を経て南西方面艦隊司令長官。とはいえ、指揮すべき艦隊はなく、陸戦の権威者として比島での地上戦となる。小松校長は一一月四日着任、四五年一月一五日軍令部出仕を経て五月二五日待命、その後予備役。これは着任直後の一一月一五日、本校の東武道場の出火全焼による引責辞任といわれている。

栗田校長も井上校長の教育方針を踏襲されたと聞いている。そのためか、三号の場合、英語を含めて普通学の時間が多く、教官から戦争の話を聞いた記憶はない。

期別の生徒数、教育期間等〈六七期～予科一期（七八期）〉

明治時代からの兵学校の沿革などについては、クラスメート鎌田芳朗（オ四〇三、故人）著『海軍兵学校物語』（原書房）に詳しいのでそちらに譲る。日米間の関係が悪化し、開戦、そして互角の戦闘から歳月の経過とともに急速に戦局が悪化するにつれ、海軍兵科将校の養成機関であった兵学校の生徒数や在校期間、遠洋航海や近海航海の有無、飛行学生として霞ヶ浦航空隊に入隊した時期、戦没者数などが、期によってどのように変わったか、筆者たちの一〇期先輩にあたる六七期以降についてまとめると、次のとおりである（資料により、若干の差異がある）。

〈六七期〉

一九三六年（昭和一一年）四月入校、一号になって「鉄拳制裁禁止」を決議。三九年七月、二四九名が卒業（三年三ヵ月。六五期が四年制最後のクラス）。遠洋航海はハワイ、南洋諸島。終戦時海軍大尉。特殊潜航艇による真珠湾攻撃に参加した横山正治、古野繁実の両中尉はこのクラス。戦没者一五四名（六二％）。

〈六八期〉

一九三七年（昭和一二年）四月入校、昭和最初の三〇〇名クラス。四〇年八月、二八八名が卒業（三年四ヵ月）。新造の練習巡洋艦「香取」「鹿島」に分乗して内地巡航を終わり、上海から東南アジアに向けて遠洋航海に出かける矢先、日本軍の北部仏印進駐による国際間の緊張に伴い遠洋航海は中止となり横須賀に帰投。終戦時海軍大尉。特殊潜航艇による真珠湾攻撃に参加した広尾彰、酒巻和男の両少尉、直木賞作家豊田穣中尉はこのクラス。戦没者一九二名（六七%、最高率）。

〈六九期〉

一九三八年（昭和一三年）四月入校、時局が切迫し在校年限を三年に短縮。六八期卒業後、生徒は年齢にかかわらず全面禁煙。四一年三月、三四三名が卒業（三年）。アモイ、パラオ諸島までの近海航海。終戦時海軍大尉。戦没者二一四名（六二%）。

〈七〇期〉

一九三八年（昭和一三年）一二月に繰り上げ入校、四一年一一月、四三二名が卒業（三年）。卒業の翌日、多数の者が佐伯湾で戦場に向かう艦艇に配乗、緒戦に参加。一九四二年五月の人事異動で、航空要員（三八期飛行学生一三八名。四三年一月、三九期四八名、計一八六名）は霞空の練習航空隊に転属。一九四四年一〇月末、比島で神風特別攻撃隊敷島隊を率いて出撃した関行男大尉、四五年八月一五日終戦当日の午後、大分から宇垣纏第五航空艦隊司令長官を乗せて沖縄に最後の特攻出撃した中津留達雄大尉はこのクラス。終戦時海軍大尉。戦没者二八五名（六六%）。

〈七一期〉

一九三九年（昭和一四年）一二月入校、四二年一一月、五八一名が卒業（三年）。このクラスは第四次軍備計画、いわゆる④計画（空母二、軽巡五、駆逐艦二二、潜水艦二

五、その他二二、基地航空部隊は二倍以上）の申し子で、同計画の規模を秘匿するため、採用予定人数は「前年度より増加する見込み」としか公表されなかった。卒業生五八一名のうち二八二名が航空要員、一一六名が潜水艦要員。卒業後、内海西部（広島湾）にあった戦艦六隻で第一期実務実習を終了後、航空班は霞空に転属、四〇期飛行学生。人間魚雷「回天」の創始者・仁科関夫中尉はこのクラス。終戦時海軍大尉。戦没者三三一名（五七％）。

〈七二期〉

一九四〇年（昭和一五年）一二月入校。六九期の卒業で新三号になったが、七〇期から再度入校教育を受けた珍しいクラスで、四三年九月、六二五名が卒業（二年九ヵ月）。艦船班三一四名の練習艦隊配乗は即実戦、航空班三一一名（四一期飛行学生）は艦隊勤務の経験皆無のままで霞空に直行。終戦時海軍大尉。戦没者三三六名（五四％）。

〈七三期〉

一九四一年（昭和一六年）一二月入校、マンモス・クラスの七五期を迎え、猛烈な鉄拳制裁で指導した。一号わずか四ヵ月、四四年三月に九〇二名が卒業（二年四ヵ月）。四月上旬、皇居において天皇に拝謁後、艦船班四〇〇名は実施部隊へ、航空班五〇二名（四二期飛行学生）も艦隊勤務の経験皆無のままで霞空に直行。終戦時海軍中尉。

戦没者二八二名（三一％）。

〈七四期〉

一九四二年（昭和一七年）一二月入校、四五年三月、一〇二四名が卒業（二年四ヵ月）。四四年四月、教育効果の向上を図るため、教班を航空班と艦船班に約三対二の比率で区分し、同年一二月、航空班のうち約三〇〇名を霞空に派遣、生徒在学中から飛行訓練を開始。卒業式も分離して現地で行なう（四三期飛行学生）。終戦時海軍少尉。戦没、殉職者一七名。

〈七五期〉

一九四三年（昭和一八年）一二月入校、三三七八名。

〈七六期〉

一九四四年（昭和一九年）一〇月入校、三五七〇名（含、舞鶴分校）。

〈七七期〉

一九四五年（昭和二〇年）四月入校、三七七一名（同右）。

〈兵学校予科一期（七八期）〉

一九四五年（昭和二〇年）四月入校、四〇四八名。予科（一八七二年＝明治五年～一八七八年＝明治一一年）が六七年ぶりに復活。

兵学校の分校

生徒数の増加、兵科と機関科との統合、予科の復活により開設された分校は、次のとおりである。終戦当時、約一万五〇〇〇名の兵学校生徒がいたことになる。

〈岩国分校〉

岩国航空隊内にある予科練が使用していた既設の諸施設を利用し、兵学校生徒の教育に必要な生徒館、講堂等の増設、模様替えが呉海軍施設部による突貫工事で進められ、一九四三年（昭和一八年）一二月一九日開校。伝統のある本校や大所帯の大原分校とは、次の点においてかなり違っていた。

(一)　生徒館や講堂が航空隊内にあったため、常時爆音が聞こえ、戦争の臨場感があふれていたこと

(二)　生徒数が六〇期代の後半と同じ約一〇〇〇名、手頃な教育規模でまとまりがよかったこと

(三)　岩国航空隊が爆撃される公算が大になってきたので、六月、山口県大島郡久賀町に疎開、同町の小学校を生徒館（寝室）、隣接した県立高女を講堂、自習室と

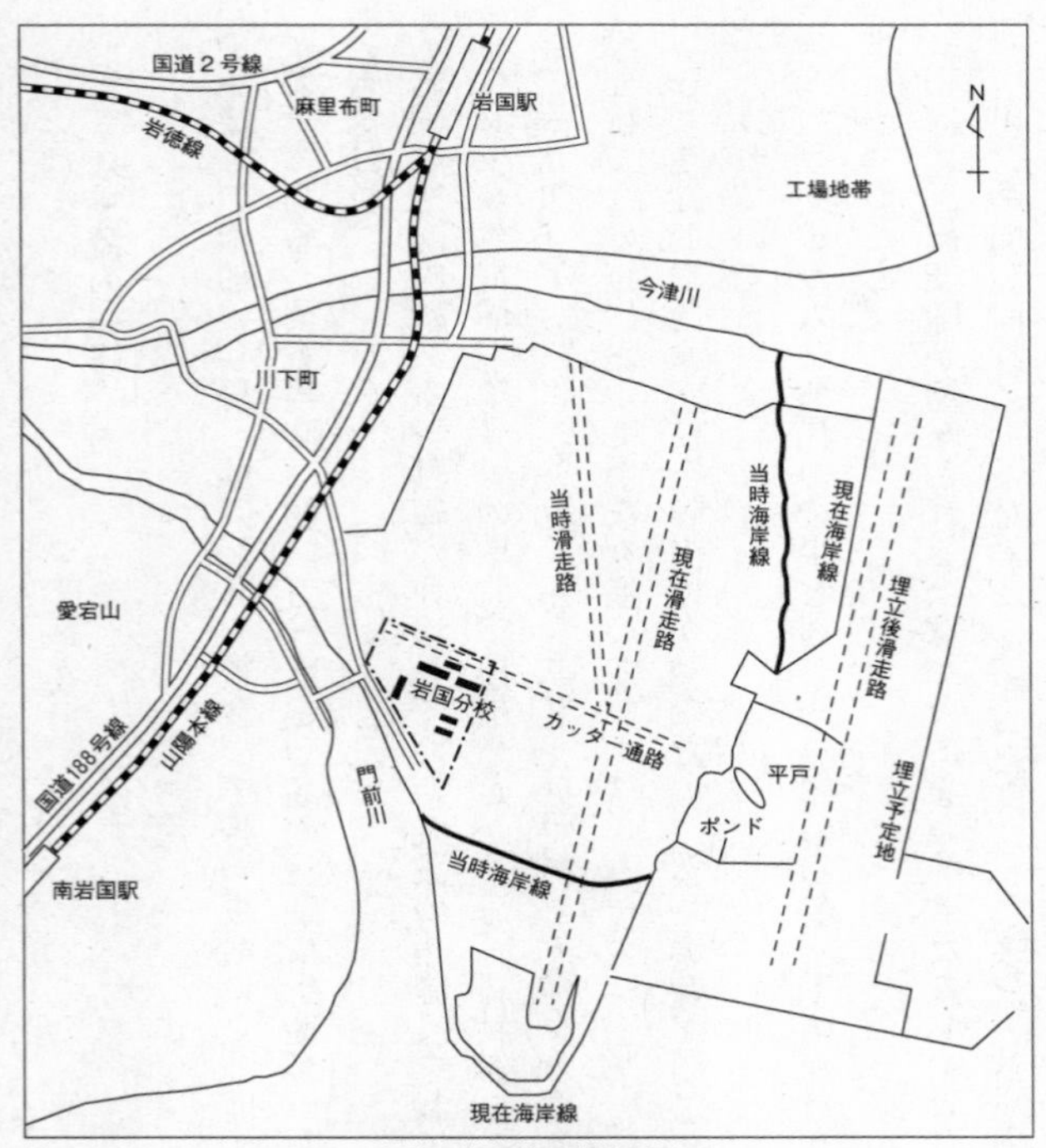

当時の海軍岩国基地周辺

して使用し、不足分は三角兵舎を急造して補充した。それゆえ、環境の変化による訓練や体育が著しく変わらざるを得なかったことである。兵学校について書かれた他の文献と比較される場合には、これらの点にご留意いただきたい。

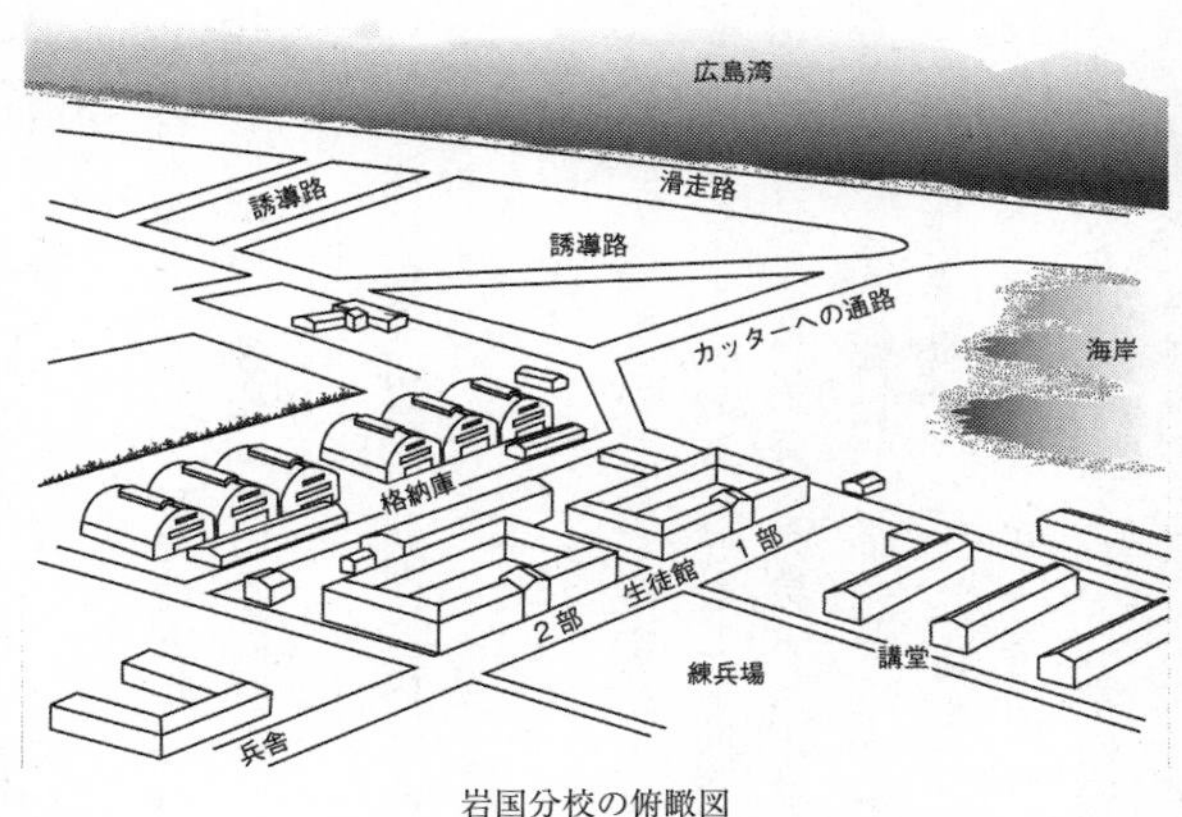

岩国分校の俯瞰図

〈大原分校〉

七五期～七七期の三マンモス・クラスを収容するため、一九四四年一〇月一日、本校の北西約二キロの地に大原分校が開校。当時は生徒館が四棟、講堂が一列、食堂、バス、医務室、武道館、ボイラー室などであったが、七七期が入校したときは八棟に増築されている。しかし六月初旬、空襲による類焼を避けるため、四棟を間引きした。

〈舞鶴分校〉

一九四四年一〇月、兵科と機関科の区別を廃止して兵科に統合したため、機関学校は兵学校舞鶴分校になったが、制度改革後も従前の機関学校例規の運用と、当分の間同校教育要綱に準じ、機関、工作、整備専修生徒の教育が行なわれ、卒業後の人事、配置において配慮された。四五年三月、三一八名が、当分校最初の卒業生になった。

〈針尾分校〉

予科の復活に伴い、一九四五年四月、長崎県針尾島に開校したが、戦局の悪化につれ、七月中旬、分校は山口県防府市（防府海軍通信学校）に疎開した。

兵学校の組織（岩国分校）

一九四五年四月一〇日現在の兵学校長は、栗田健男中将（三八期）である。その下に各分校の教頭兼監事長が置かれていた。そして教頭は学術各課長とその下の教授や教官が行なう学術教育を監督し、監事長は生徒に対する訓育と生徒隊の軍紀、風紀を指導監督した。岩国分校の教頭兼監事長は矢牧章少将（四六期。駐米駐在武官、海軍省調査課長）、生徒隊監事は鹿江隆大佐（四八期。ミッドウエー海戦当時空母「飛龍」副長）、七七期主任指導官は、二〇二分隊と二一二分隊の分隊監事も兼務された竹山百合人少佐（六一期）であった。兵学校は全寮自治制で、分隊監事（「オヤジ」と呼んだ）は、大所高所から分隊を指導し、日常の躾教育、生活指導は伍長（一号生徒の先任）以下の一号生徒に任されていた。

生徒隊の編成は縦割りで、二部、二四個分隊からなっていた。本校が一〇部まであったため、当初は岩国の一部を一一部、二部を一二部と称していたが、後日、単に一部、二部と呼ぶようになった。一部が一〇一から一一二までの一二個分隊、二部が二〇一から二一二までの一二個分隊、計二四個分隊があった。部と分隊は生徒館生活や勤務上の編成である。生徒館は木造二階建て、一階の自習室と二階の寝室が各分隊に割り当てられ、筆者は二部の二一二（「ふた、ひと、ふた」と発音する）分隊に配属された。

教官と教員

兵曹長（准士官）以上のインストラクターは「教官」と呼んだ。兵学校には各鎮守府（横須賀、呉、佐世保、舞鶴の各軍港に置かれた所管海軍区の警備防御を担当し、所属部隊を監督した機関）選り抜きの優秀な下士官インストラクターが多数配置されていて、彼らを「教員」と呼んだ。主として実技を担当したが、後述するように、彼らの身分は生徒の下になる。中学を出たばかりの年少の少年が、試験に合格して兵学校に入校したからといって、善行章（無事故で三年勤務すると一本増える）を三本も着けたその道のエキスパートで、実施部隊にいれば神様的存在の彼らの上に来るのは、内心どうであったか。
教員は赤い細い腕章を着用し、起床から朝食までの間は、生徒が先に敬礼することになっていた。これは訓練や体育は教員から教わるので、師に対し礼を尽くすことを意味した。

部、分隊（縦割）

兵学校の基本単位は分隊である。一個分隊は二一二分隊を例にとると、一号生徒（七五期の三年生、以下「一号」）一四名、二号生徒（七六期の二年生、以下「二号」）一五名、そして筆者たち三号生徒（七七期の新入生。通常、三号と呼び捨て）一五名の計四四名（各分隊の人数は、若干異なる場合もある）で構成され、自習室と寝室で起居を共にした。「号」は兵学校特有の呼称で、一八七三年（明治六年）、海軍兵学寮時代に始まっている。

三号は服装、態度、言葉遣い、階段の上り下り、食事のマナー、寝具やデスクの整理整頓など、文字どおり箸の上げ下ろしまで、ありとあらゆる面で一号から徹底的に指導され、息をつけるのは三号同士で学術教育や教練を受けるときと、夜ベッドに入ってからだけである。入校して数日後、三号だけになったとき、誰かが「早く一号になりたいなぁ」といったところ、誰かが「バカ。まだ三日しか経っていないぞ」と応えたので、全員が苦笑した。しかし、口にするか否かは別として、それが三号の偽らざるホンネであったと思う。

縦割り分隊制度のもう一つの特徴は「対番」である。一号、二号、三号で席次の同じ者同士の組み合わせを対番と称した。どちらかといえば非公式なもので生徒心得の中にはなく、対番の上級生は、特に対番の下級生の私的な面倒をみるのが伝統的な慣習になっていた。

筆者の一号の対番中村隆太郎生徒は三重県出身の軍歌係。一見恐ろしかったが、殴られた記憶はない。貸与されたスタッド（取り外しのできる襟ボタン）が一個しかなかったので不自由した。以前は、スタッドのような日用品は酒保（売店）で購入できたらしいが、筆者たちが入校したとき酒保はすでに閉鎖されていた。何かの折に中村生徒にお話ししたのであろう。後日、寝室でお会いしたとき、黙ってスタッドをくださったことが忘れられない。

クラスメートの中には対番の一号に散々迷惑をかけ、「俺は貴様の小使いではない」といわれた者もいるようである。二号の対番籠谷（こもりや）辰雄生徒は兵庫県出身で、何係の補佐だったか思い出せないが、関西弁でいろいろとご指導いただいた。この対番制度は、現在も防衛大学校で踏襲されていると聞く。

入校当日、ほとんどの三号が対番の二号から、これからの生徒館生活において「〜すべし、〜すべからず」などを懇切丁寧に書いたメモ（「三号の心得」）をもらったが、その冒頭は「俺が貴様の対番だ。対番とは貴様の面倒をみる者だ。分からないことがあったら、どんどん質問に来い。兄弟だと思って、楽しいこと、辛いこと、ともに分け合って、仲良く張り切ってやっていこう」というような文面で始まる。

手元の資料の中にある「三号の心得」は、普通のノート二三頁、兵学校長に始まる上級者の官職氏名、分隊の上級生の氏名、係名、係補佐名、上級生の呼び方、敬礼、言葉使い、食事が終わったときの食器の並べ方など、生活指針の諸注意がびっしりと列記され、終わりには校内の地図まで付いている三号の誰もが感謝感激する「虎の巻」である。これを読むだけで、往時の生徒館生活を彷彿させるものがある。

生徒館生活や勤務を円滑にするため、係（一号）と係補佐（二号）が決められていた。また、部と生徒隊には、それぞれの係主任がいた。係には次のようなものがある。

図書係（機密図書の管理上、伍長）、短艇係（カッターの保守点検、橈漕（とうそう）、帆走の指導。総短艇、宮島遠漕などの艇長、艇指揮）、小銃係（小銃の管理。三号恐怖の的）、通信係、被服月渡品係（洗濯物、被服修理などのトラブル発生時の解決。石鹼、靴墨など消耗品の受け取り。実務は二号の補佐と三号が行なう）。その他、柔道係、剣道係、銃剣術係、体操体技係、相撲係、遊泳係、酒保養浩館係、応急用具係、電気係、軍歌係、構築係、衛生係などがあった。

分隊の雰囲気は、伍長の人となりに大きく左右されたと思う。イ二一二分隊（以下、「イ」は省略する）の伍長佐藤潤太生徒（故人）は戦後間もなく受洗されており、そのような家庭環境に生まれ育った所為か非常に円満な人柄だった。毎日殴られた数をノートの隅に書いていたが、そのうちに馬鹿らしくなって止めてしまったというクラスメートからすれば、「貴様は、兵学校の潜りだ」といわれるほど、筆者は修正（鉄拳制裁）された記憶がない。ただし、突き飛ばされたり、大声で叱責されりしたことは数え切れないほどある。戦後仄聞したところでは、七五期主任指導官楢村忠雄少佐（六一期）の指導で、一号の鉄拳制裁が自粛されていたそうである。

教班（横割）

分隊は生徒館生活のための編成であるが、学年ごとの学術教育や教練は、教班に分けて行った。例えば、普通学の授業を受けるときは、二〇四、二〇八、二一二分隊の三号四三名（二〇四、二〇八の三号は、各一四名）で第二四教班（二部の第四教班）を編成し、号令官は全員が交代で勤め、指揮官の機会が満遍なく与えられるように配慮されていた。一号、二号、三号それぞれ八個教班、計二四個教班があった。

お嬢さんクラスと土方クラス

三号のときに一号から散々修正されて育った硬派クラスの三号は、やがて彼らが一号になると三号を修正して硬派に育てる傾向がある。その一号のやり方を横から見て、内心では批判していた二号が一号になると、三号を修正しないで育てる傾向があり、硬派と大人しいクラスが交互に誕生するといわれていた。

一号と二号の仲が必ずしもしっくりいかなかったとすれば、それは一号と三号の繋がりはあまりにも強烈なので、その中間にある二号の存在感が薄れたからではないだろうか。また、一号が卒業して二号が新一号に、三号が新二号になると、新一号が一号風を吹かせて、それまでとはガラッと変わった言動をとるようになるともいう。二クラス上の一号からいわれれば当然のこととして受け止める場合であっても、すぐ上の新一号から同じことをいわれると、反発を感じるのも世の常であろう。それに二号ともなれば、一号の粗も目に付くようになる。

七二期と七三期には次のエピソードがある。七三期の一人が七二期のいる前で、

「七二期は大人しくてお嬢さんクラスだ。あれで七四期を指導できるのか」といったそうである。それが原因で、七二期が「貴様らは何クラスか」「貴様らは土方クラスだ！」といって七三期を総員修正した。しかし、すぐ殴れば七三期が短艇競技や宮島遠漕で手抜きをするだろうというので、遠漕が終わってから殴った。それが七三期にはよけいに面白くなかった。このこともあってか、両クラスは反りが合わなかったようである。

付け加えると、硬派クラスだから戦争に強かったとか、大人しいクラスだから弱かったということはなかったと聞く。多数の七二期生が特攻で散華している。一九四五年一月五日、リンガエン沖合で護衛空母「マニラベイ」に突入した第一八金剛隊丸山隆、北川直隆（と推定される）両中尉のことを、同艦のフィッツヒュー・リー艦長（南北戦争当時、南軍の総師ロバート・E・リー将軍の末裔）は、敵ながら天晴れ、実に見事な操縦ぶりだったと称賛している。

スパルタ式教育は強い軍人を育てるための手段であり、目的ではない。目的を明確に捉え、それを達成するための適切な教育を行なえば、スパルタ式にこだわる必要はなかったのではないだろうか。

海軍生徒、海軍軍令承行令

海軍兵学校、機関学校、経理学校の三校を、海軍三校と称した。この三校の生徒が海軍生徒である。生徒の身分は上等兵曹（下士官）の上、兵曹長（准士官）の下になる。兵学校は兵科将校、機関学校は機関科士官、経理学校は主計科士官を養成する学校であった。そして、同じ年にこの三校を卒業した者を「コレス」（Correspond＝相当期）と呼んだ。

しかし、海軍軍令承行令により、兵学校出身者でないと艦船、部隊等の指揮権を継承できないことになっていた。例えば、戦闘中に艦長（兵科の大佐）が戦死すると、機関長が機関大佐であっても、軍令指揮権は副長（兵科の中佐）が継承した。

アメリカ海軍は、イギリス海軍から多くを学んだはずであるが一系（兵科のみ）である。日本海軍が二系（兵科と機関科）であったのは、イギリス海軍の制度をそのまま模倣したからであろう。しかし、日本においては必ずしも社会の実情にそぐわず、二系は機関科士官の長年の鬱積した不満になっていた。一九四四年一〇月、この制度が改正され、機関科が廃止されて兵科に統合された。したがって、舞鶴にあった機関学校は兵学校舞鶴分校になったのである。

軍令承行令による指揮権は、兵学校の卒業年次、同期生であればハンモック・ナンバー（兵学校卒業時の席次）の若いほうにあった。それゆえに適材適所の配置ができなかった。その一例が、開戦当時の第一航空艦隊（機動部隊）司令長官が、水雷屋のN中将（三六期）だったことである。

もしも当時の機動部隊長官が、その生みの親のO中将（三七期）であったら、ハワイ作戦の結果は、そしてその後の戦争の成り行きは、大いに変わっていたのではなかろうか。不適材不適所の人事といえる。甲航空参謀のG中佐が取り仕切っていたので、「N艦隊」ではなく、「G艦隊」と揶揄されていたという話まである。こんなことから、米海軍に「日本海軍の下士官兵は世界一だが、士官は……」などと、残念なことをいわれたのではないだろうか。

米海軍では、少将までは兵学校の成績が影響したが、中将、大将はその地位に付けられている階級と考えたほうが分かりやすい。太平洋艦隊司令長官の地位は大将である。それゆえ、その職責に最も適材と思われたチェスター・ニミッツ少将は、三一名の先任者を追い越して太平洋艦隊司令長官に任命され、大将（その後元帥）に進級した。そして赫々たる功績を残し、その職務を十分に果したので、退任後も元帥の階級を与えられた。職務を果たすことができなかった場合は、元の少将に戻ることになる。ニミッツ元帥の前任者ハズバンド・キンメル大将が、このケースである。一般的に彼は降格されたように思われているが、そうではなく元の階級に戻っただけである。

前述のように、日本海軍では海軍軍令承行令のため、高位高官になるほど適材適所の人事が難しくなったといえる。ハード面だけではなく、ヒューマンの面においても米海軍に負けたと認めざるを得ないような気がする。

ハンモック・ナンバー

兵学校の席次は、訓育と学術教育の点数で決められた。しかし、学術教育の占める比重が大きかったので、試験の点数で席次が決まったといっても過言でないといわれている。恩賜組（優等生。七三期、七四期の場合、各一〇名）には卒業時に恩賜の短剣が下賜され、彼らの将来は、大いに嘱望されたことであろう。

筆者は、恩賜組に対して敬意を表するにはやぶさかではない。クラスメートの中にも、あいつの頭は一体どうなっているのだろうかと思うほど、ずば抜けて頭のいいヤツがいたのも事実である。卒業すれば、おそらく恩賜の栄誉に輝いたことであろう。

しかしながら、テイル・エンドを低迷されたのではと思われる先輩方の中にも、滅法戦闘に強い、虚々実々の駆け引きの上手な指揮官があった。一例を挙げれば、米海軍に十重二十重に囲まれたキスカ島撤退作戦を見事に成功させた木村昌福（まさとみ）少将（四一期。後中将）である。同少将は、その後もレイテ挺身輸送「多号作戦」を二回、ミンドロ島米軍上陸地点への突入「礼号作戦」も成功させているが、その略歴を見ると、兵学校卒業時の席次は一一八名中一〇七番となっている。試験の点数による席次と、戦闘に強い戦上手な指揮官とは、必ずしも一致しないのではないか。

ハンモック・ナンバーは卒業後の進級にも大いに影響した。もちろん、その後もハンモック・ナンバーが変わらなかったわけではないが、劇的な変わり方をすることはなかったし、それも大佐までで、将官は先任序列に従ったそうである。

躾事項

ここで思いつくまま、躾事項について略述する。兵学校では、今後の海軍生活に必要な躾事項を主体に、生徒館生活のルール、礼儀、作法、言葉遣い、挙措（きょそ）などを一定の形に当てはめるため、徹底的に仕込まれる。それらには昔から伝統的に継承されているもの、西洋式のエチケットに準ずるものもある。躾事項は一号が教える。違反すると「ボヤボヤするな！」の怒号とともに、鉄拳が飛ぶ。「習い性となる」まで、文字どおり叩き込まれるのである。

容姿端麗

容姿端麗といえば、往時のＣＡ（Cabin attendant ＝航空会社の客室乗務員）募集時の謳い文句であったが、ここでは軍装にはいつもブラシをかけ、ズボンには折り目を付け、正しく着用することで、ボタンやホックが外れていることは、もってのほかである。靴は、特に踵をよく磨くことを喧しくいわれた。

敬礼は四五度。肘は前に出して横に張らない。これは、狭い艦内を想定したからだという。生徒館のあちこちに姿見が置いてあり、その前に立ち止まって服装を直したり、敬礼の形をチェックしたりするようになっていた。

言葉遣い

クラスメートや目下の者に対しては、貴様、俺。上級生に対しては〇〇生徒。ただし、伍長と伍長補（一号の次席）は姓を呼ばず、伍長、伍長補と呼んだ。自分のことは私（わたくし）であって、「わたし」ではない。自分というと「陸式」と注意された。

「～です」ではなく、「～であります」、などなど。

誰かを呼ぶ場合、○○大尉、分隊監事、教官などと階級、または職名を呼んだが、陸軍のように○○殿と「殿」は付けなかった。階級や職名がそのまま敬称になっていたのである。

兵学校用語

生徒は全国から集まっているので、東北のズーズー弁、鹿児島弁を始めとして、兵学校は方言の坩堝（るつぼ）であった。標準語であるはずの東京弁も、方言の一つである。以下に、よく使われた「兵学校用語」の例を紹介する。

「アーマー」（armor）：軍艦の装甲から食パンの耳の固い部分（食いでがあるので空腹を抱えている三号には喜ばれたらしいが、岩国ではコッペパンがときどき出ただけで、食パンにお目にかかる機会はついぞなかった）。または、冬物の厚手の下着。

「インサイドマッチ」：雑巾のこと。語源不明。どの英語の辞書にも見当たらない。

海軍式敬礼を姿見で練習

「オスタップ」（wash tub）：洗濯盥。

「シレット」：何かいわれても気にせず、無視するような態度を見せること。「あいつはシレットしている」

「ジーッサイ」（実際）：期待外れとか、やり場のない憤懣を表わすときに使う間投詞。

「スペア」（spare）：予備品。転じて、食堂で人数分以上に用意された食事。これに手を付けることはご法度。または予備学生出身の士官（ただし、三号は使ったことがない）。

「テアラク」：ものすごくの意。「手荒く寒い」「手荒く遠い」

「ネガイマス」：何か少々頼みづらいことを頼むときの切り札。クラスメートの間で「ネガイマス」と頼まれたら、多少都合が悪くても、責任を持ってすることになっていた。

「バス」（bath）：浴場、入浴。

「ベグ」（bag）：教科書、ノート、筆記用具、ネーム・ブロック（教室で教官のほうに向けて立てて置く木製名札）などを入れて持ち運ぶキャンバス製の鞄。ベグの持ち方で何号か分かった。

「リクさん」：「陸式」ともいう。陸軍を侮蔑した感じがしないでもない。

五分前

読んで字のごとく、所定の時刻の五分前には所定の場所に行って態勢を整え、時刻で発動することである。兵学校の一日は、朝は「総員起こし五分前」に始まり、夜は「巡検五分前」～「巡検」で終わった。「課業整列五分前」「食事五分前」「自習止め五分前」、すべて五分前である。そうなると五分前が定刻になり、「五分前の五分前」が当たり前のようになっていた。

明治六年、日英海軍の間で一三条からなるお雇い契約が取り交わされ、その契約の中に兵学寮規則（条令）の制定が含まれていた。規則は、規則、法令、通則、給与品規則からなり、法令第四条に「生徒ハ授業ノ始マル時刻ヨリ　五分時間前（ママ）ニ或ハ船具操練場或ハ大砲操練場ニ集マル可シ」と定められている。そして、規則の最後に「前諸条件ハ英国海軍ノ定例ニ従テ、帝国日本政府ノ海軍兵学寮ニ於イテ基礎トスベキ規則ニ制定セリ」とあるので、「五分前」は英国海軍からの伝来であることが分かる。

時間励行のため、五分前ほどよい方法はない。筆者は定年退職後数年間、航空界が導入した外人パイロットに運輸省（現国土交通省）が発給する航空従事者技能証明（ラ

時間励行のために叩き込まれた「５分前」

イセンス）を取得させるため、航空法規を英語で教えたことがある。そのとき、外人パイロットの学生に五分前を徹底させた。ある日、授業が終わり、〃See you tomorrow morning at 9 o'clock.〃といって教室を出ようとすると、学生が異口同音に〃Nine o'clock, navy time.〃と応えたので、嬉しくなって彼らと一緒に大笑いしたことがある。

彼らは職業上、常時時間励行を要求される。その後も五分前の精神を身に着け、定年まで余裕のある行動をして、安全運航に徹したものと願っている。「雀百まで踊り忘れず」というが、この五分前の精神を叩き込まれた当時から七〇年も経た現在でも、無意識のうちに五分前が筆者を規制していることに気付くことがある。

階段

生徒館内では、階段の上り下りは常時駈け足。上りは二段ずつ勢いよく駆け上がり、下りは一段ずつ小走りに駆け下りると決められていた。他分隊に「階段係」というあだ名の一号がいたが、食堂で「開け」がかかったら即座に離席し、二階の寝室目がけて脱兎のごとく駆け出しても、敵もさる者。いつどこをどう来るのか分からなかったが、くだんの一号が階段の上で待ち構えていて、上がってくる者に、片端から「待て！」をかける。「やり直せ！」で、階段の下まで駆け下り、上り直して、その一号の前で停まる。「かかれ」といわれれば、敬礼して通り抜ける。隊務、隊務で一分でも時間が惜しい三号にとって、階段で余分の時間を費やすのは、大変迷惑なことであった。

階段は常時駆け足。上では「階段の鬼」と呼ばれる一号生徒が待ちかまえて、片っ端からやり直しをさせた

艦船のラッタル（梯子、階段。ladder の蘭語読み）は狭く、かつ急であるため、また艦の動揺もあることから、二段上りは行なわず、片手は手摺を持って昇降するよう指導し

ていると聞いたことがある。そうすると、二段上りは兵学校の躾だったのであろうか。

ラッパ

起床、食事、課業始め、巡検などの日課はすべてラッパの号音で発動したが、ラッパが鳴っている間は直立不動の姿勢（気をつけ）で聴き、ラスト・サウンド（最終音）で発動した。毎日ラッパの号音を聞いていると、それらが文句に聞こえてくるようになる。その例は、次のとおりである。

起床…「起きろよ、起きろよ、皆起きろ。起きぬと伍長さんに叱られる」

食事…「兵学校の食事は大根に人参。たまには混ぜ飯ライスカレー」

課業始め…「今日もまたー、お国のためにー」または「嫌でもかかれー、また休ませるー」

定時点検…「生徒さん集まったか、分隊監事にと届けたかー、まだかー」

巡検…「寝ろー寝ろー。寝ろー寝ろー。辛いことは忘れて、安らかに寝ろー（中略）寝ろー寝ろー寝ろよー」

「待て！」「かかったまま」

「待て！」は、海軍独特の号令である。「待て」がかかると、その場で直立不動の姿勢をとる。ただし、手が離せない場合は、そのままの姿勢をとることになっていた。「ピリ、ピリ、ピリ……。待て！　達する。本日昼食後直ちに、各分隊は○○において月渡品を受領せよ」スピーカーから、週番生徒の「達示」が流れると、その場で直立不動の姿勢をとって、達示（指示、命令）の内容を注意深く聴いた。

「かかったまま」は、やっていることを継続しながら、達示を聴けばよいことになっていた。例えば、「かかったまま。空襲警報発令。総員直ちに○○に退避せよ」のように、達示の内容が簡単明瞭で、その実行に寸時を争う場合、または、「かかったまま。別段の隊務なき者は、只今から二十分間、航空隊の見学を許可する」の場合のように、その実行を各自の判断に任される情報の伝達に、よく使われた。

お達しと修正（鉄拳制裁）

前述のような指示や命令が「達示」であり、「お達し」は、まったく別物である。一号が指導するのは、所属する分隊の下級生だけではない。指導する相手が個人とグループの場合があるが、何が悪かったかを大声で叱責する。これが「お達し」である。大抵の場合、お達しだけでは終わらず、それに修正と称して、鉄拳制裁が続く。それも一発で終わらないことが多かった。

自習時間の中休み前になると、週番生徒がスピーカーで「本日、○○した三号は、自習時間の中休みに○○に集まれ」と達示をする。中休みになると、該当する三号は指定された場所に集合し、「お達し」の後で修正されることになる。一号はさまざまな些細な理由でお達しをするから、三号は戦々恐々たる状態に追い込まれる。校長の中には鉄拳制裁を禁止した人もいたらしいが、若い元気旺盛な生徒のことである。いつの間にか復活していたというのが実情であろう。修正はやり過ぎになりがちなので、鉄拳制裁に批判的な卒業生も少なくない。米内光政海軍大臣や井上成美次官の許で終戦工作にあたった高木惣吉少将もその一人である。

岩国分校は歴史が浅く伝統がなかったので、本校ほど多くの「〜すべし、〜すべからず」がなかったと思う。例えば、本校には芝生があり、その端を踏むのはご法度と聞いていたが、岩国には芝生そのものがなかった。それだけお達しの対象になることが少なかったといえよう。しかし、早く本校並みの伝統を作ろうとした所為か、資料には「修正の厳しい岩国」という文言が散見する。これも、開校時の校長訓示に、岩国を褒め上げた後で、不足するのは伝統であるから後進に伝承させよと、取りようによっては新入生を鍛えろといわんばかりの雰囲気が当時はあったのかもしれない。

一号が使った常套句

一号が三号を「締める」ために使った常套句の一つが「娑婆気満々」である。広辞苑を見ると、娑婆気とは名聞、俗念を離れぬ心とある。海軍部外、すなわち民間（娑婆）でのやり方などを、士農工商の階級観念によって順位づけられた昔の武士が、町人のすることを「町人根性」と蔑んだのと似ているかもしれない。「最近の貴様らの態度は娑婆気満々、兵学校七〇余年の名誉ある伝統は地に墜ちた。只今から……」などと叱咤（しった）、修正された。

娑婆気満々の三号も、二、三ヵ月すると生徒館生活に必要な慣習を短期間で習得しながら、一人前の兵学校生徒に成長していくのであるが、中身まで娑婆気がすっかり抜け切るには、多少の時間がかかったのではないか。

次は「言い訳するな」である。正当な理由があるので、叱責されることはないと思って説明しようとすると、「言い訳するな。それが娑婆気というものだ。今から貴様の娑婆気を抜いてやる」などといわれ、一発で済むところが、三発も四発も修正されるのがオチであった。

下級生にとって一号は神聖にして犯すべからず、生徒館に君臨する存在であり、海軍に入ってなりたいものは連合艦隊司令長官、軍艦の艦長、そして兵学校の一号生徒といわれているように、天上天下唯我独尊、わが世の春を謳歌できたのであろう。

それゆえ、いくら正当な理由があっても、それを主張し、一号の自尊心を傷つけて余分に修正されるよりも、「ボヤボヤしていました」とか何とかいって、軽く修正されるほうを選ぶ。すなわち正当なことをいわないようになったのではないか。さる先輩は、「『サイレント・ネービー』は美徳といわれているが、いうべきときにいわないで悪結果を招いた点も多々あった。権力には逆らわないという兵学校での習慣が影響しているのでは」と指摘されている。

筆者の知っている一例を挙げると、航空会社では自衛隊からパイロットを割愛してもらうためのパイプ役として、定年で退官された元将官クラスの方を招聘していた。知人のE元海将（七一期、故人）は元零戦パイロットで人望厚く、運航本部常務取締役に選任された。それを快く思わなかった他の役員が、あることないことを社長や会長に讒言（ざんげん）していることが分かっていても、言い訳をするようなので一言も釈明されなかったそうである。結果として、役員を一期（通常は二期）務めただけで退任された。言い訳は良くないが、事実をいうことは必要であろう。戦後、兵学校出身者は世間の常識を知らず、ずいぶん損をしたのではないだろうか。

もう一つは「心に恥ずる」である。ある日の言動について、「心に恥ずる」ところがなかったかと詰問されれば、聖人君子はいざ知らず、凡人は答えに窮するのではなかろうか。クラスメートの乾尚史（オ三〇八）が、その著書『海軍兵学校ノ最期』（至誠堂）の中で書いているが、要点は次のとおりである。

ある日、週番生徒から「本日、〇〇講堂を使用した教班の三号は、総員、自習中休みに週番生徒室に来たれ」との達しがあった。乾生徒たちは、その日〇〇講堂を使っていなかったのでホッと一安心し、中休みが来ると練兵場で号令演習をしようとした。ところが、ある一号が三号を呼び止め、「貴様たちは、今日一日の課業時間中の言動で『心に恥ずる』ところがなかったはずがない。三号は総員、早く週番生徒室に行って、そいつを治してもらってこい」と命じられたので、不審に思ったが週番生徒室に行った。そこには、〇〇講堂を使わなかった他分隊の三号も多数集まって、怪訝そうな顔をしている。奥では、数名の週番生徒が肩を怒らせて三号が揃うのを待っている。

やがて、週番生徒の一人がお達しを始めた。

「本日、貴様たちの使った〇〇講堂を点検したところ、何と鉛筆の削りかすが落ちていた。何たることか！」

「言語道断、もってのほかだ！」

週番生徒

「まさに、海軍兵学校開校以来、初めての不祥事だ！」

「開校以来、ちり一つ落ちていたことのなかった兵学校七〇余年の伝統は、貴様たちによって無残にも破られた！」

「一号生徒は悲しくて、涙も出ん」

「講堂の床は、軍艦の甲板と同じである。甲板に塵埃を放置したら、一体どういうことになるか！」


そして、お達しの後は鉄拳の雨が降った。実際に削りかすを放置した者、または一歩譲って彼の所属する教班総員が連帯責任で修正されても、文句はいえまい。しかし、「心に恥ずる」を拡大解釈すれば理屈と膏薬はどこにでも付く。この出来事は、入校教育も終わり、数週間が経って三号も生徒館生活に慣れ、それまでの緊張感が薄れ始めていた頃のことと思われる。今考えてみると、兵学校では気持ちが緩みかかると、締められるようになっていたのではないだろうか。

隊務

生徒館や分隊の運営に付随する日常の雑務を「隊務」と称し、入校教育が終わったころ、二号から引き継いだ。隊務には、郵便物の受け取り、未検閲の信書を分隊監事室に届ける、洗濯場やバスに石鹸の補充、自習室出入口に備え付けた洗面器の昇汞水（しょうこうすい）（塩化水銀に食塩を加えて水に溶かしたもの。消毒、防腐に用いる）の取り換え、靴クリームの補充、窓の開閉など、日常茶飯事のことで気付いた者が行なう自発的な隊務と、自習室のデスクに木札を廻す輪番制の当番隊務とがあった。本文中にある室直（室内掃除当直番）やカッターの淦（あか）（船底に溜まった水）汲みなどは、当番隊務である。その他、雨上がり後の濡れた雨着の乾燥と取り込みなど、三号の先任がその都度必要人数を割り当てることもあった。

隊務で走り回る三号生徒

隊務は主として昼食後の時間にこなしたので、三号は食事が終わらなくても、当直監事の「開け」がかかれば、すぐ席を立って独楽鼠のように走り廻った。兵学校川柳に「三号は、隊務、隊務でタイムなし」というのがある。

ネームプレート（学年胸章）

ネームプレートを付ける位置は、ベグを左手で抱えるためか、右胸乳真上となっていた。学年識別線であるが、伍長は楕円形セルロイド製のネームプレートの全周が赤色、伍長補は緑色、その他の一号は黒色で、縦書きに姓だけ書かれていた。二号のネームプレートもセルロイド製で下半分が黒色、三号のネームプレートは無印で、物資不足のためか竹製であった。

第三章

岩国分校の教育と生活

岩国分校生徒館

入校前、江田島にて　四月五日〜九日

ここで話を本題に戻し、江田島到着時から入校式までの流れを簡単に追ってみる。筆者たち岩国組は、江田島に到着した一九四五年（昭和二〇年）四月五日から一〇日の入校式の朝まで、兵学校の敷地内にある「養浩館」で分隊ごとにまとまって起居した。養浩館の前には桜並木があり、満開であった。

筆者の所属するイ二一二分隊の名簿を見ると、総員一五名。先任は浦和中学出身の野崎謙二、後は五十音順で席次が決まっていた。このとき初めて、分隊番号の前の「イ」が岩国、「オ」が大原であることを知った。

三号総員の氏名と出身中学は、次のとおりである。

野崎謙二：浦和中
赤羽　学：長野松本中
荒　和意：都立六中

大津　進：広島二中
小川泰男：山口徳山中
加藤良雄：愛知明倫中
金子光三：浦和中
兼藤　宏：延岡中
重松規一：小倉中
設楽英夫：都立葛飾中
鈴木重蔵：大連二中
菅原　完：山口防府中
寺崎　巌：呉一中
福元　募：鹿児島川辺中
山口光香：佐賀中

入校すれば当然、赤煉瓦の東生徒館か、白亜の西生徒館で生徒生活を送れるものと信じて疑わなかった筆者たちにとって、その存在さえも知らなかった岩国分校行きは、まさに「島送り」ならぬ「本土送り」に等しく、青天の霹靂であった。冗談半分としても、入試の成績不良者が分校に廻されるという噂さえ立った。

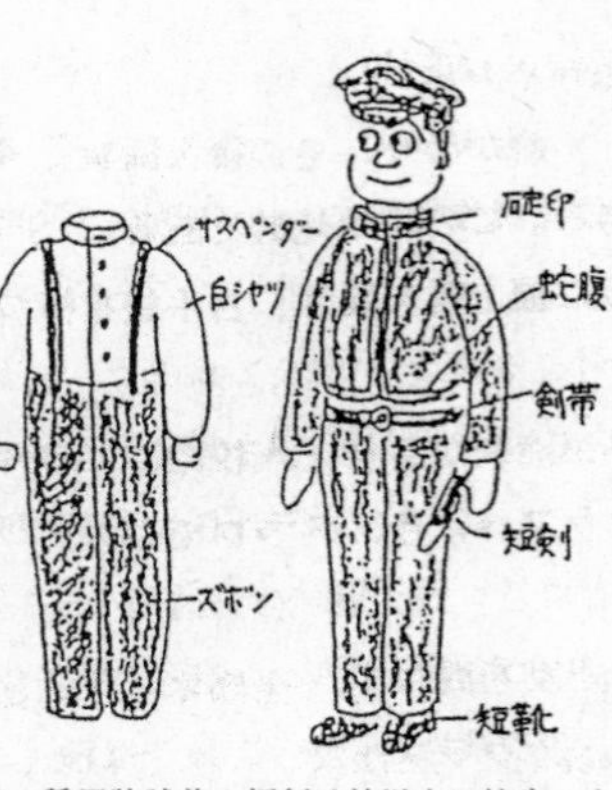

第一種軍装試着。短剣は輸送中に焼失、上級生より借り受けて入校式に出席した

　しかし、一時的なショックも薄らぐと、筆者の場合、岩国は郷里の防府と同一県内で、江田島よりも少しは馴染みがある。卒業までに一度くらいは本校に行くチャンスもあるのではないかと考え、元気を取り戻した。教官もこの点を察してか、後日、「岩国分校は、生徒数が六〇期代の後半と同様、適切な教育規模の約一〇〇〇名。これが本来の兵学校の姿である」などと慰め顔でいわれたことを思い出す。

　最近になっても、岩国にいたというだけで、本校や大原にいたクラスメートよりも親近感を持つのは、やはりどこかに「岩国コンプレックス」なるものが存在するのかもしれない。一九八六年七月、岩国航空基地内に建立された岩国分校記念碑の碑文にも、

「同分校は歴史と伝統のある江田島本校に比し、教育環境も十分でなく、又急造の教育施設には不備不足の点も多かったが、教官、生徒共に不撓不屈の信念を以て戦時下

の急速要請教育に邁進し、本校に劣らぬ立派な成績を収めた（抜粋）」

とあるように、本校に対する競争意識が旺盛であったことがうかがわれる。

養浩館に滞在中、一度夜間に空襲警報が発令され、御殿山のトンネルに駆け足で退避した記憶がある。戦局は日に日に厳しさを増していたのであるが、筆者たちはそれを知る由もなく、当面の入校前身体検査を終わり、決裁、合格、そして被服試着になったとき、またもやショッキングなことがあった。ようやく念願が叶って兵学校に入校できると思ったところ、憧れの短剣は輸送中の貨車が空襲を受けて焼失したとかで、貸与されなかったのである。しかし、丸腰では兵学校生徒としての恰好が付かない。和服を着て帯を締めないようなものである。入校式には、上級生から借用した短剣を吊って参列することになった。

入校前日四月九日の朝、一号と二号の「総員起こし」を見学した後、古鷹山に登った。東の方角に呉軍港が一望できたが、艦艇らしきものは、ほとんど見当たらなかった。数日前、戦艦「大和」は水上特攻として沖縄への途上、すでに坊ノ岬沖合で沈没していたのである。

古鷹山の頂上では、岩国の期主任指導官竹山少佐の音頭で「江田島健児の歌」を合唱した。戦後、旧制高校の寮歌祭に兵学校関係者も出演して「江田島健児の歌」を歌っているので、多くの人はこの歌を兵学校の校歌と思っているらしいが、兵学校には校歌がない。あくまでも「江田島健児の歌」である。

下山後、教育参考館を見学した。東郷元帥の遺髪は、二階正面の開かれた扉の奥に安置されていたと聞くが、筆者の記憶は定かでない。機体に残る一三八箇所の弾痕を矢で示した岩城邦広大尉（五九期。後、七二一空「神雷部隊」飛行長）操縦の迷彩を施した九五式水偵を天井から吊り下げ、展示してあったのは覚えている。

そしてこの日の夕刻、竹山少佐から、「いったん海軍軍籍に編入された以上、個人の意思で勝手に退校することは許されない。軍籍編入を本心より希望しない者は、今が入校を辞退する最後の機会である。そのような者がいたら、今すぐに遠慮なく辞退を申し出よ」という趣旨を厳しい表情で告げられ、最後の決意の確認があった。

仄聞するところでは、「体力に自信がない」との理由で入校を辞退した者や、身体検査に不合格になって万斛（ばんこく）の涙を飲んで帰省した者が若干名いたようである。戦後知ったことであるが、筆者の中学のクラスメートY君も身体検査で不合格になった一人であった。彼は戦後間もなくして他界したので、入校しなくてよかったのかもしれない。

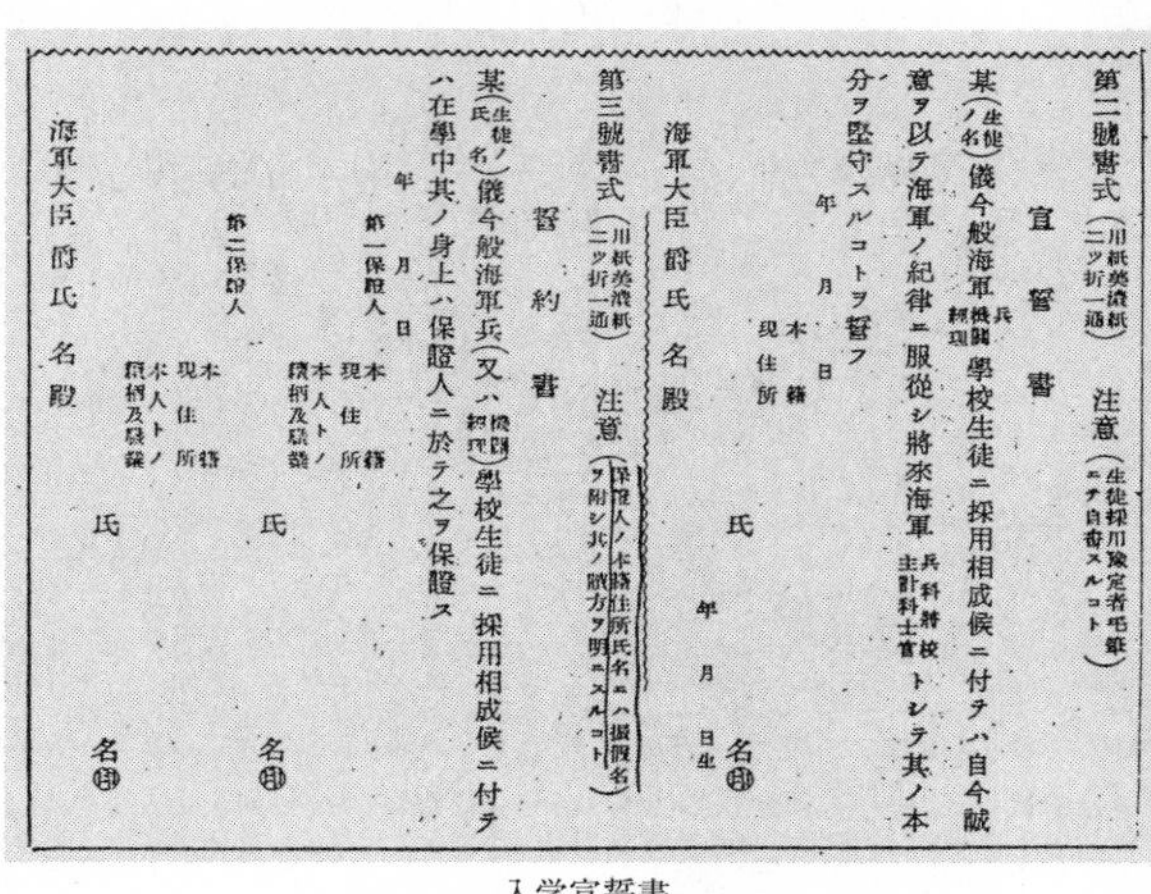

第二號書式（用紙美濃紙二ツ折一通）　注意（生徒採用豫定者毛筆ニテ自書スルコト）

宣誓書

某（生徒ノ名）儀今般海軍（兵／機關／經理）學校生徒ニ採用相成候ニ付テハ自今誠意ヲ以テ海軍ノ紀律ニ服從シ將來海軍（兵科將校／主計科士官）トシテ其ノ本分ヲ堅守スルコトヲ誓フ

年　月　日

本籍
現住所

氏　名㊞

年　月　日生

海軍大臣爵氏名殿

第三號書式（用紙美濃紙二ツ折一通）　注意（保證人ノ本籍住所氏名ニハ振假名ヲ附シ其ノ職方ヲ明ニスルコト）

誓約書

某（生徒ノ氏名）儀今般海軍兵（又ハ機關／經理）學校生徒ニ採用相成候ニ付テハ在學中其ノ身上ハ保證人ニ於テ之ヲ保證ス

年　月　日

第一保證人

本籍
現住所
本人トノ續柄及職業

氏　名㊞

第二保證人

本籍
現住所
本人トノ續柄及職業

氏　名㊞

海軍大臣爵氏名殿

入学宣誓書

入校式　四月一〇日

朝食後、入浴して文字どおり娑婆の垢を洗い落とし、下着、靴下に至るまですべて真新しい官給品に着替え、錨の襟章が付いた一種軍装（冬の紺制服）を着用し、伍長（佐藤生徒）が、上級生から借用して岩国から風呂敷に包んで持参された短剣を吊って身支度をした。今まで着ていた衣服はすべて荷造りして、後日、岩国から自宅に送り返すことになる。

兵学校七〇余年の歴史を通じて、中学を四修（四年生修了）ではなく四卒（四年生卒業）で、借り物の短剣を吊って入校式に臨んだクラスは、おそらく後にも

海軍兵学校第 77 期、岩国分校第 204・208・212 分隊。最後列左から３人目が著者（海上自衛隊第１術科学校教育参考館提供）

先にもなく、筆者たちの七七期だけであろう。もっとも、短剣は兵器ではなく、被服の一部ではあったけれども。拝借した短剣には押ボタン式の留金がなく、抜けないように紫色の細紐で柄と鞘が結ばれていた。また、憧れの短剣も実際に吊ってみると意外と重く、慣れないと歩くのに邪魔になった記憶がある。

入校式の前日、建付（たてつけ）（予行）は練兵場で行なわれたが、当日は雨天のため、式は急遽大講堂において、九時四五分から文字どおり立錐の余地もない状態で行なわれた。兵学校長栗田健男中将が「石川大海（ひろみ）以下三七七一名、海軍兵学校生徒を命ず」と告達し、これに応えて先任石川生徒が「石川大海儀今般海軍兵学校生徒に採用相成り候については自今誠意を以て海軍の規律に服従し将来海軍兵科将校として其の本分を堅守することを誓う」と宣誓した。次いで誓約書の朗読、勅諭奉唱、校長訓示の後、皇族生徒賀陽宮治憲（七五期）、久邇宮邦昭（七七期）両殿下の紹介があって、式は一〇時二〇分に終わった。

当時は知る由もなかったが、栗田校長は、前年の一〇月末、レイテ湾海戦において謎の反転をした第二艦隊司令長官である。このときの校長の風貌も訓示の内容も遠くて見えず、聞こえず、まったく記憶に残っていない。

戦後かなりしてから、入校式を報じた中国新聞の記事を見る機会があった。記事そのものはさしたるものではないが、その写真がどう見ても我々クラスのものとは思えないのである。というのは、当日は終日雨天であったにも拘わらず、生徒が一種軍装で集合している建物の手前の桜が爛漫と咲いていて、とても雨が降っているようには見えない。写真の左下隅には、呉鎮守府許可済の丸いスタンプが押してある。何らかの理由で、新聞社が他クラスの写真を流用したとしか思えなかった。

岩国分校へ移動

入校式が終わると、筆者たち岩国組三四一名は、それぞれの分隊の伍長に引率され、直ちに表桟橋から内火艇で雨の中を岩国に向かった。雨のために視程は悪かったが、海上は穏やかだった。途中、海上で雨脚が激しくなったので雨着の頭巾を被ろうとしたところ、伍長から「視界が狭くなるので頭巾は被るな」と注意された。時間的にみて、入校して最初の昼食は内火艇上で弁当を認めたとしか考えられないが、筆者にはその記憶がない。数名のクラスメートにも確認したが、確たる返事は得られなかった。

呉、広島、岩国付近の内海も、沿岸航路を遮断するためか、掃海の困難な磁気、音響、水圧機雷がB－29により敷設されていたらしいが、掃海された水路を通ったのであろう、何事もなく二時間半足らずで岩国に到着した。潜水艦桟橋から上陸して、出迎えのバスで生徒館に到着したはっきりとした記憶がある。しかし不思議なことに、桟橋から生徒館まで約二キロの道程を雨の中を裸足になって駆け足で行ったという者や、靴を履いたままで歩いたという者もあり、それぞれの記憶が一致しない。入校式は無事に終わったが、これから始まる生徒館生活に対する期待と不安で、精神的な余裕などなかったのであろうか。

岩国の地誌

ここで、僅々二ヵ月ではあったが、筆者たちが過ごした岩国市と岩国海軍航空隊について、略述する。

岩国市は、山口県東部の広島湾に臨む中小都市で、島根県との県境、莇ヶ岳に源を発する二級河川錦川の下流に発達した吉川氏六万石の城下町である。関ヶ原の合戦後、出雲の富田一二万石から岩国に移封された吉川広家は、横山の山頂に城を、その麓に御土居（居館と屋敷）をそれぞれ築いた。そして錦川を天然の外堀とし、内側の横山地区に役所や上級武士の居住区を、対岸の錦見地区に中下級武士や町人の居住区を設けた。しかし、この優れた天然の外堀も、錦見地区に住む中下級武士が藩政の中心である横山地区に行くには、幅二〇〇メートルの錦川を渡らねばなかった。その通路として錦帯橋が架けられたのである。五つの木造アーチを四つの橋台に連ねた錦帯橋は日本三奇橋の一つで、岩国市のシンボルになっている。

一九四四年の初め頃は、錦帯橋の付近には倶楽部もあり、無花果、ネーブルなどが豊富で、ずいぶん歓待されたように思うという先輩方の話もあるが、筆者たちの時代には、もはや倶楽部は廃止されていた。錦帯橋には、入校教育が終わりに近づいた四月下旬、引率外出で行ったことを覚えている。二度目は、五月上旬、錦帯橋の上流で松根掘り作業（松根を乾留したタールを水素添加処理すれば、ガソリン分三〇％の軽質原油に似た油が得られる。小学生も松根掘りに駆り出された）の帰り道に寄ったのではないかと思う。このときは、略装、編上靴、ゲートル着用で、門前川の左岸沿いの道を通って帰校したとき、埃で靴が真っ白になっていたので、水とブラシで洗い流した記憶がある。

岩国城は、八年の歳月をかけて横山の山頂に本丸四重六階の天守が上げられたが、その七年後、徳川幕府の一国一城令により廃城になった。今日、横山の山頂には天守が再建されていて、麓の吉香公園（旧御土居）からはロープウエーで行ける。山頂からは、宮島、阿多田島、大黒神島、能美島、倉橋島、柱島、屋代島など、周防灘一帯

錦帯橋にて撮影した岩国分校 212 分隊三号総員。筆者は前列右から３人目

が展望できる。

以前の山陽本線は、岩国、徳山、柳井を頂点とした三角形の最も長い辺の岩国〜徳山間を結ぶ欽明路トンネルや高森町など山間の町村を通る線であったが、一九四四年一〇月、これ迄の柳井を経由して海岸を通る柳井線の複線化工事が完成して山陽本線に格上げされ、旧山陽本線は岩徳線と改称した。入校間もないころ、巡検後に昼間は気付かない列車の汽笛が聞こえ、ふと郷愁にかられたのは、航空隊のすぐ西側を通るこの山陽本線を走る列車であったと思われる。

海軍関係の岩国出身者には、軍歌「如何に狂風」の作曲者田中穂積がいる。

岩国海軍航空隊

一九三七年（昭和一二年）七月、盧溝橋事件に端を発した日中戦争の広大な中国大陸への戦線拡大に伴い、近代兵器の花形「航空機」の搭乗員養成が急務となった。そこで、従来は呉海軍航空隊で行なわれていた兵学校生徒の飛行術訓練と体験搭乗だけでは間に合わず、江田島近くの岩国に練習航空隊が新設された。その流れは以下のとおりである。

一九三九年（昭和一四年）一二月：呉鎮守府所属練習航空隊として開隊。兵学校生徒、専修学生の飛行術訓練と陸上機操縦教育を担当

一九四〇年一一月：陸上機操縦教育を削除

一九四一年　二月：偵察練習生の練習機教育を担当

一九四一年　　　：第一一航空廠岩国補給工場（愛宕山）設置

一九四二年一一月：飛行予科練習生（予科練）乙種（高等小学校卒業者、一四歳以上）、丙種（海軍部内他部署からの選抜組）、特乙（乙種合格者の中から一七歳以上の者の教育期間を短縮）の教育を担当

一九四三年一〇月：飛行予科練習生の教育を削除。この間に五〇〇〇余名の予科練を教育

一九四三年一一月：兵学校岩国分校開校。七三期、七四期（約四〇〇名）が本校より移動

一九四三年一二月：兵学校七五期入校（岩国分校約三四〇名）

一九四四年　五月：第六三四空（艦爆、水偵）を編制、第三航空艦隊、第四航空戦隊に編入

一九四四年　八月：第三三二特設海軍航空隊を編制、本土防衛に備え、局地戦闘機
　　　　　　　　四八機並びに夜間戦闘機一二機を配備
一九四四年　八月：兵学校岩国分校を残し、第一代岩国海軍航空隊解隊
一九四四年一〇月：兵学校七六期入校（岩国分校約三四〇名）
一九四五年　三月：富高海軍航空隊が移転して独立。第二代岩国海軍航空隊を開隊、
　　　　　　　　複葉機（九三式中練）による特攻訓練を開始
一九四五年　四月：兵学校七七期入校（岩国分校約三四〇名）
一九四五年　五月：第五航空艦隊、第一二航空戦隊に編入、「月雷」特攻隊を編成
一九四五年　六月：第一一航空廠岩国補給工場が第一一航空廠岩国支廠に昇格
一九四五年　六月：特攻隊の全機を富高に移駐。その跡に峯山海軍航空隊が移駐し、
　　　　　　　　特攻訓練を継続
一九四五年　六月：兵学校岩国分校は、山口県大島郡久賀町に疎開
一九四五年　七月：第一一航空支廠に空襲
一九四五年　八月：海軍航空隊（川下地区）に集中爆撃
一九四五年　八月：終戦

戦後は、そのときどきによって米海兵隊、米空軍、そして英連邦空軍が駐留し、朝鮮戦争が勃発すると国連軍の爆撃、支援、補給基地になった。

占領が終わると航空自衛隊と米海軍の共同使用になるが、その後日本側は海上自衛隊、米側は海兵隊と交代した。ベトナム戦争では実質的な出撃基地となり、湾岸戦争においても兵員の一部が派遣された。そして現在に至っている。

岩国分校生徒館の日々

寝室、貸与被服類

生徒館に到着し、二階の寝室で旅装を解いた。大きな部屋に分隊総員四四名のベッドとチェスト（整理箪笥）が整然と置かれていた。ベッドは寝室の奥のほうから一号、次に二号、筆者たち三号のベッドは出入口近くである。チェストの中に整然と収納されたすべての衣類には、楷書で丁寧に筆者の氏名が記入されていた。後で、対番の二

岩国分校校門。左手に庁舎、右手奥に講堂が見える

号、籠谷辰雄生徒が書いてくださったと知った。記憶に頼って貸与された衣類を列記すると次のとおりである。

一種軍装（冬紺制服・襟章）上下×一着
二種軍装（夏白制服は褐青色に染色。後日、久賀にて貸与）上下×一着
軍帽と帽日覆（褐青色に染色）×一個
剣帯×一本
外套（肩章）×一着
白手袋（礼装用）×二双
雨着×一着

岩国分校の練兵場、写真右は講堂、正面奥が生徒館

右より第１、第２、第３講堂。３棟の裏手に300講堂があった

略装（褐青色作業着）上下×二着（上着の一着は、ボタンが陶器製）
略帽（判任官を示す黒線一本入り褐青色作業帽）×一個
短靴、編上靴、体操靴×各一足
ゲートル（紺色）×一組
ワイシャツ×一着、カラー×一本
ベルト×一本（錨のマークの打刻されたアルマイト製留金が、すぐに壊れた）
襦袢、袴下（夏、冬）×各三組
寝巻×二着

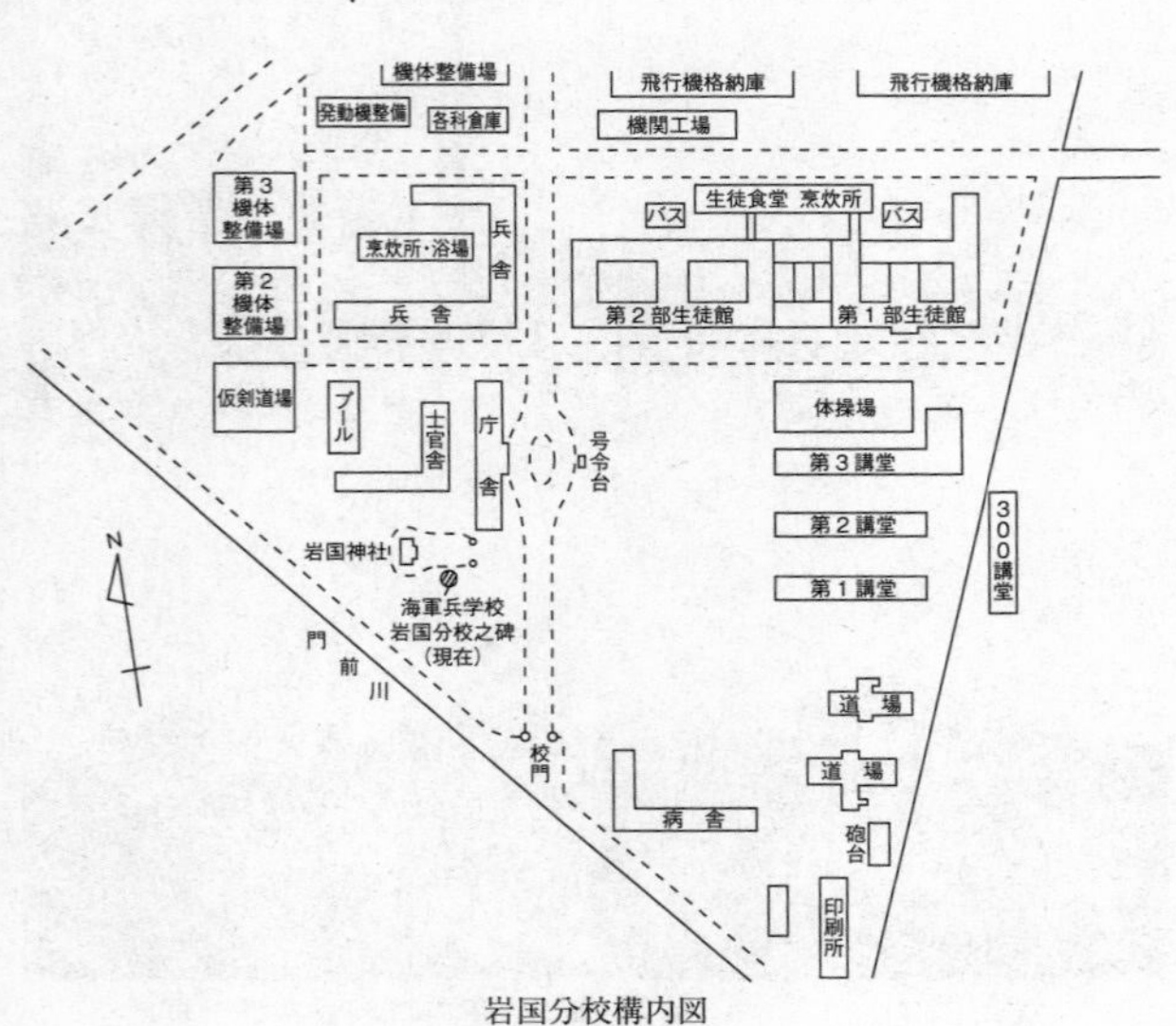

岩国分校構内図

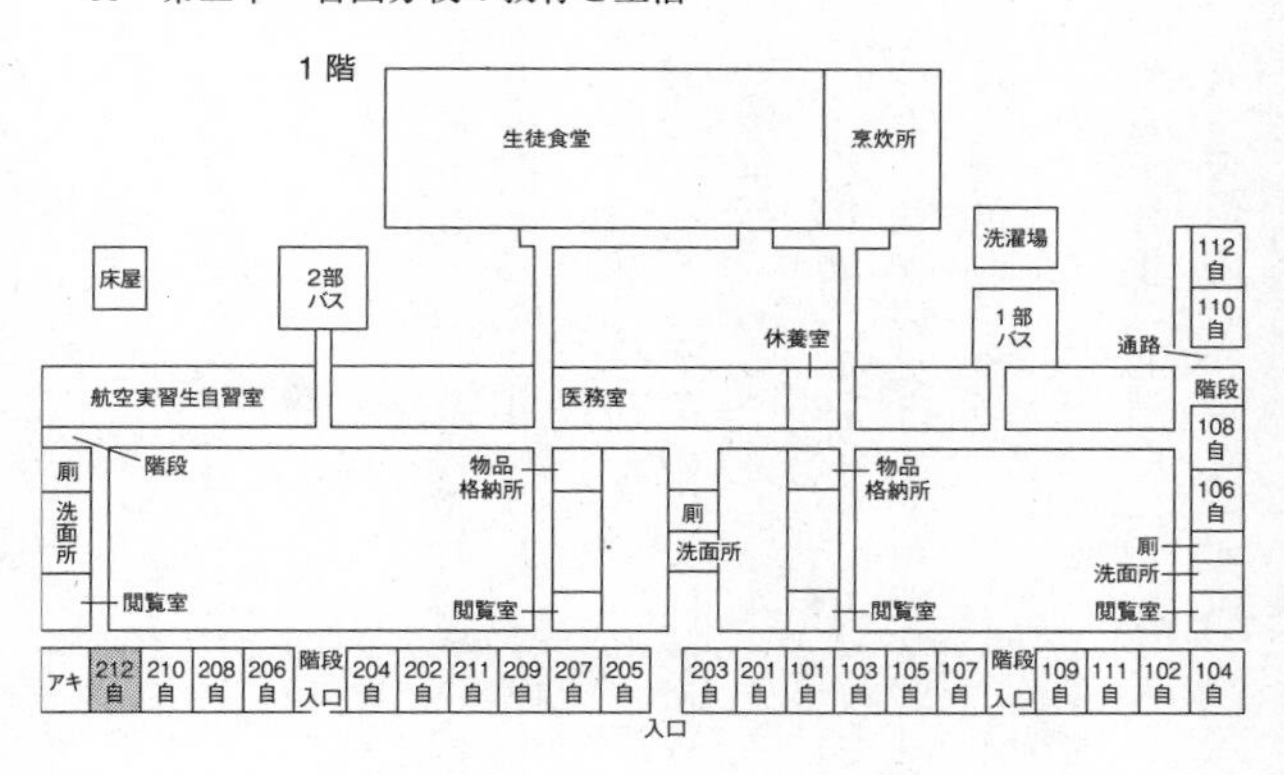

生徒館の内部構成

褌×三本
軍足×一ダース
棒倒し服×一着
その他、ズボンのサスペンダー、スタッド、白および黒風呂敷、洋服ブラシなど×各一

本校と分校では、貸与品が若干異なっていた。戦後、本校では外套が貸与されなかったと聞いた。また、被服ではなく兵器であるが、岩国では貸与されなかった防毒面が本

校では貸与され、空襲警報時に退避する際は携行したとのこと。舞鶴では短剣が支給されたが、生徒であった証拠になるということで、帰休時に軍帽、一種軍装の上着、短剣は返納したそうである。

自習室

間もなく、伍長の指示で階下の自習室に移動した。自習室には前後二箇所に出入口があるが、後の出入口は一号専用で、二号と三号は前のほうを使うという不文律がある。これは生徒館を軍艦に見立てているので、艦長専用通路を模したものと思われる。万一、間違って後の出入口を使うものなら、「ボヤボヤするな！」と叱責されること請け合いである。

各自のデスクに着いた筆者たちは、伍長から蓋を開くようにいわれた。中には、教科書、辞書類、ノート類、文房具がきちんと並べられ、上段右側には「勅諭」と書かれた金色の布カバーのケースに入った「軍人勅諭」と「今上陛下御日常の一端」が置かれていた。被服と同様、教科書などにも筆者の氏名が記入されていた。新入生に対する上級生の心遣いに、驚くとともに感謝したものである。

自習室内のデスク配置は、最後列が七個、その前四列がそれぞれ八個、最前列が予備（分隊共用の文房具やモールス信号受信帳など、各種用紙を収納。これらの補充は三号の隊務）を含めて六個である。後の出入口に一番近い最右翼のデスクが伍長、続いて伍

岩国分校第212分隊自習室の内部配置

長補と一号が先任順に三席～七席と並び、次の列が八席～一四席である。一号が終わったところで二号がこれも先任順に並び、それが終わったところで、野崎先任以下の三号のデスクになる。先任を除き、三号の席次は五〇音順なので、筆者は後からのほうが早い一二席であった。

前の壁には、時計（時計の整合も三号の隊務）を中心に左右に①東郷元帥の筆になる額入りの「聖訓五ヵ条」（「軍人勅諭」）と、これも額入りの「五省」が掛けてある。最前列のデスク二個分のスペースを利用して左側の隅に、②機密図書箱、③貴重品箱、④分隊名簿、⑤旗旒（きりゅう）信号練習器、⑬チャートデスクが置かれていた。

正面の壁には⑥発光信号灯、その斜め右上の壁には⑦黒板と⑧掲示板が並んで掛けられ、左右の通路の壁側にはそれぞれ二基の⑨ラジエーターが設備されていた。右側通路のラジエーターの間には⑩ギヤボックス（雑要具箱）が置かれ、⑫郵便受けは前の出入口の近くの壁に掛かっていた。後の壁に⑪アームラック（銃架）があって、菊

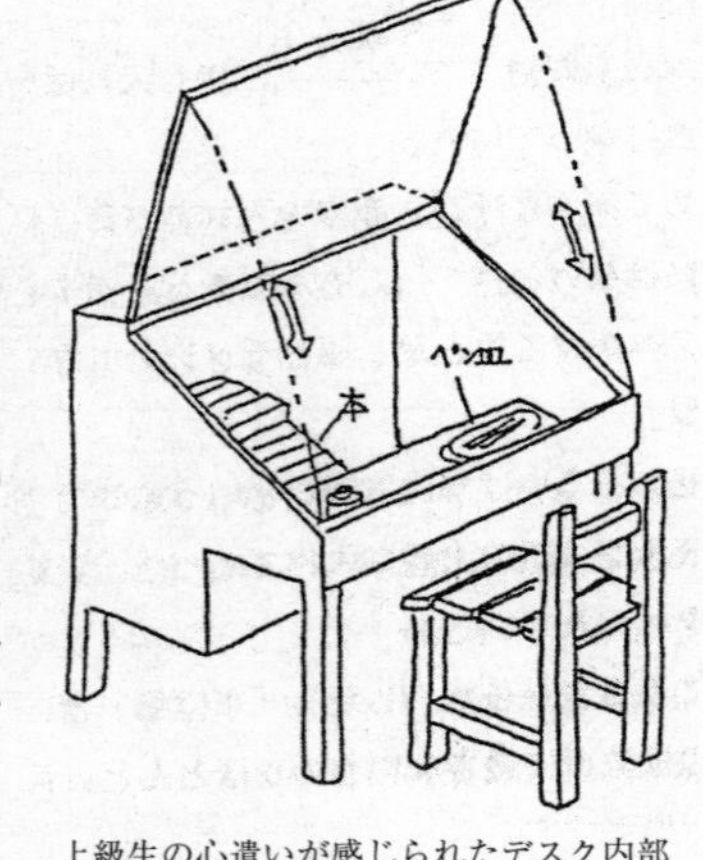

上級生の心遣いが感じられたデスク内部

のご紋章の付いた「三八式歩兵銃」、銃剣と剣帯が掛けられていた。

小銃にはよく錆が出た。また、埃も付いて目立った。手入れも三号の隊務。どんなに磨いても、言いがかりを付けようと思えばいくらでも付けられる。一度、小銃の手入れが悪いと叱責され、自習時間の中休みに三号総員が小銃（約四キロ）に銃剣を付け、両手を水平にして保持させられたことがある。記憶にはないがこれを「拝め銃」といったらしい。新三号の入校を待つや切。

三号の隊務だった小銃の手入れ

姓名申告

入校当日の行事で一生忘れられないのは「姓名申告」である。中学生時代に読んだ兵学校を紹介した文献に姓名申告は夜とあったし、歌詞にも「夢も束の間　夜嵐吹けば」とあるので、本書を書くまでそう思い込んでいたが、記録によれば岩国到着後間もなく姓名申告、その後一五時から三〇〇講堂（ここでハワイ作戦の最終会議が行なわれた）で教頭兼幹事長矢牧少将の訓示となっている。

姓名申告が夜だった昭和一〇年代初めの入校式は、午後行なわれていたことが最近になって分かった。

期主任指導官兼務の分隊監事竹山少佐と二一二分隊の総員が、初めて自習室に集合した。分隊監事は短い訓話の後、伍長に「然るべく」とか何とかいい残してすぐに退出された。

自席に着いてホッとしたとき、伍長が「三号総員前に並べ！」と命じた。何事かと思ったとたん、一号の誰かが「ボヤボヤするな。早く前に出て、こちらを向いて並ぶのだ！」と大声を張り上げた。自習室の前のスペースで、三号総員がどぎまぎしながら、着席した一号と二号のほうを向いて席次順に一列横隊で並んだ。二号は着席したままであるが、一号は席を離れて適宜前に出てきた。

何度もやり直しさせられた「姓名申告」

「只今から、一号生徒、二号生徒と、貴様たち三号との初対面の自己紹介を行なう。最初に一号生徒、次に二号生徒の順にやっていただく。よく聞いておけ。では、俺から始める」

伍長はそういって大きく一呼吸し、「図書係、〇〇係、佐藤潤太！」と割れ鐘のような大声で申告した。続いて伍長補が、「通信係、〇〇係、海野哲郎！」と申告、それから一号が次々と大声で、凄みを利かせて申告を終えた。次いで、二号が座ったままで係補佐名と姓名を手慣れた要領で申告した。それが終わると、伍長は「では三号。これから貴様たちに申告して貰う。出身学校と姓名をいえ」と命じた。

先任の野崎が大声で「埼玉県立浦和中学、野崎謙二！」と申告したところ、一号から「声が小さい！」「聞こえん！」「ここは海軍女学校ではない！」「やり直せ！」「兵学校は天下の荒道場！」などの怒号が次々に飛び、デスクの蓋をガタガタ鳴らしたり、床を踏みならしたり、軍刀の鐺（こじり）で床を叩いたりして、三号の度肝を抜く。次々と何度もやり直しをさせられてはパスし、遂に筆者の番になった。「山口県立防府中学、菅原完！」どんなに大声で申告しても、一度でパスすることはない。パスするまでに数回やり直させられた。

「よし、姓名申告終わり。三号は席に戻れ」、伍長にいわれてホッとして自席に着席したが、全身びっしょり汗をかいていた。三号総員で少なくとも五〇～六〇回はやらされたことになるが、一五時から教頭訓示が予定されていたおかげで、姓名申告は例年よりも早く終わったそうである。

本書を書くために集めた資料の中に、一号になったらやってみたいことの一つに、新三号に入校時の姓名申告をやらせることとあった。この「姓名申告」は、時代によってかなりやり方が違ったようである。しかしその目的は、昨日までは中学生で親や周囲に甘えて来た新入生の娑婆気を抜いて、自主自立させるための「通過儀礼」と位置付けられてきたのであろう。余談であるが、現代の若者のさまざまな社会問題は、「通過儀礼」の欠如によると主張する精神科医もいるそうである。その後の三〇〇講堂で行なわれた教頭の訓示については、覚えていない。

テーブル・マナー

一七時三〇分から夕食である。入校祝いの赤飯。副食が何であったか思い出せない。翌日から数回、一号が適宜三号の席に分散して着席し、食時の作法を教えてくれた。例えば、食器は左手に持って口に運ぶな。できるだけ左手を使わず右手だけで食べよ。口を食器に近づけるな、などなどである。また、クラスメートが入室などで食事が余った場合、これをスペアと称したが、スペアには決して手を付けてはならない。もし違反したら免生（生徒罷免）と厳しく躾けられた。これは、余った食事を分け合って食べるような、将校生徒に相応しくないさもしい行為をする者は海軍ではお呼びでない、ということであろう。

薬缶にお茶がなくなったときは手を上げて、烹炊員(ほうすいいん)に「烹炊、お茶を持ってこい」というように教えられた。英国海軍では、海軍生徒はおそらく貴族の子弟であろう。その仕来りを模倣したものと思われるが、今になって考えれば、英国と社会事情の異なる日本の兵学校で、このような仕来りをそのまま踏襲してもよかったのか、という疑問が残る。

食事は楽しみの一つだったに違いないが、何を食べていたのか、ほとんど記憶がない。入校前の娑婆では相当の食糧難だったし、猛訓練でいつも空腹感を味わっていたので、出される物は何でも喜んで食べた、というのが実情ではないか。

薬缶のお茶がなくなると烹炊員を呼ぶ

自習時間、五省

一八時三〇分からの自習時間が始まる前、一斉着席の練習があった。最初は一、二号が模範を示してくれた。椅子（机はデスクであるが、椅子はチェアーとはいわなかった）の左側に立っていた一、二号は、伍長の「着け」の号令で、一斉に右手で椅子を後ろに引き、右足を椅子の前に踏み出し、左足を右足に引き付けると同時に腰を下ろし、次に両足を前に出して腰を浮かしながら、両手で椅子を引いて着席した。この動作が総員見事に一致していたので、三号は唖然とした。伍長が「立て」と命ずると、今度は着席と反対の動作で、総員が一糸乱れず一斉に椅子の左側に立った。「カタ、カタ、カタ」と三つ音がしたら、後は水を打ったような静けさになる。この音が、生徒館全体でもピタリと合うという。

その後、三号は「課業始め」のラッパが鳴り響く直前までこの動作を練習させられ、大体できるようになった。自習の前半は一八時三〇分から一九時四五分までである。

この日の自習時間、さしあたって必要な教官等の官職氏名、諸規則、日課等について伍長から説明を受けた。その中で、海軍では大尉を濁ってダイ尉、大佐をダイ佐というが、大将はタイ将と教えられた。これは、ダイ将というと大佐の上、少将の下の代将（Commodore）と間違えられる恐れがあるからとのことである。

世界中どこの国でも陸軍と海軍は仲が良くないが、大日本帝国もその例外ではなかった。「〇〇タイ尉」と呼んだり、肘を張った敬礼をしたりすると「陸さん」「陸式」といって叱られた。海軍式の敬礼は、前述のとおり四五度である。海軍では、一般的に陸軍のやり方を侮蔑する傾向があったことは否めない事実である。現在でも、各自衛隊の気質を表わす八文字熟語で、海上自衛隊のそれは、「伝統墨守、唯我独尊」といわれている。

もう一つ記憶に残っているのは、軍艦旗を掲揚した艦艇は国際法規上、カッターであっても帝国海軍艦艇と見なされると教わった。当時も、なぜ今こんなことを教わるのだろうかと疑問に思ったが、現在でも分からない。他分隊の三号が書いたメモにも同じことがあるので、伍長が恣意的に教えたのでないことは明らかである。

一九時四五分〜二〇時は中休みである。この間は、練兵場に出て号令演習をすることになっていた。入校直後の三号は、「気をつけー」「前へー、進め」くらいが関の山である。二〇時に自習の後半が始まり、二〇時五五分になると自習室のスピーカーから「自習止め五分前」のラッパ「G一声」（ブーという単音）が鳴ると、伍長が「自習止め、要具収め」を命じる。各自はデスク上の教科書、ノート、学用品を中にしまい、姿勢を正して目を閉じ、一号の当番生徒が聖訓五ヵ条、続いて五省を暗誦するのを聞きながらその日一日を反省、自戒した。

一、至誠に悖るなかりしか
一、言行に恥ずるなかりしか

一、気力に欠くるなかりしか
一、努力に恨みなかりしか
一、無精に亙るなかりしか

五省は一九三二年（昭和七年）、当時の松下元校長（三一期）が、生徒各自の言動を反省、自戒させ、明日の修養に備えさせるために始めたもので、終戦まで続いた。見当違いだとお叱りを受けるかもしれないが、五省は、同年に惹起した五・一五事件や当時の世相と、まったく無関係ではないようにも思われる。現在、海上自衛隊では江田島の幹部候補生学校と第一術科学校において踏襲されている。

自習終了後、一日を反省・自戒

また、一九七〇年ごろ、江田島を訪れた米第七艦隊司令長官ウイリアム・マック中将は、五省に感銘を受け、その英訳を募集した。当選者は松井康矩氏（七六期）で、米海軍兵学校の教育にも資されていると聞く。

"Five Reflections"

Hast thou not gone against sincerity?
Hast thou not felt ashamed of thy words and deeds?
Hast thou not lacked vigor?
Hast thou not exerted all possible efforts?
Hast thou not become slothful?

ついでに、兵学校出身のある医師が作った高齢者向けの「シルバー・ネービー五省」なるものに、次のようなパロディがあるので紹介する。

一、姿勢に曲がるなかりしか
一、言語にもつれなかりしか
一、栄養に欠くるなかりしか
一、歩行に憾みなかりしか
一、頑固に亘るなかりしか

さて、自習が終わると、伍長が「三号は厠(かわや)に行って、急いで寝室に上がれ」と命じた。入校初日の日課は、まだ終わっていない。階段は教えられたとおり二段ずつ駆け上がって、寝室へと急いだ。

起床動作の練習、巡検

寝室では一号の久保田淳一生徒が待っていて、三号が揃うと「今から起床動作の練習を行なう。三号総員が二分三〇秒（根拠は不明）を切るまでやる。最初は、二号生徒に模範を示していただく。三号はよく見ておけ。二号、用意。寝ろ！」叫んだ。

二号一五名は、ベッドの脚側に畳んである毛布の上の枕と寝巻を頭側に投げ、毛布を広げた。次いで、靴を脱いで揃え、草履に履き替え、靴下を寝台の桟に並べて掛けた。それから略装の上下と下着を脱いできちんと畳んでチェストの上に置き、その上に略帽を載せた（帽子の庇は、通常、海岸線に向けると教えられたが、寝室ではどうしたか、具体的には覚えていない）。褌一丁の上に寝巻を着て毛布の下に入り、身体を左右に回転させて、毛布を巻き付けた。終わった者から次々に姓名申告をし、総員が二分以内で終わった。久保田生徒が「よし。今度は、起床動作をやる。用意、起きろ！」

二号は跳び起きて寝台の傍に立ち、寝巻を脱いで畳み、下着、略装を着て、靴下、靴を履き、広げてあった毛布を二つ折り、さらに三つ折りに畳み、ベッドの脚側に置くと、その上に寝巻と枕を重ねた。最後に略帽を右手に持って、不動の姿勢で姓名申告をした。

「只今、二分二〇秒。三号、二号生徒の毛布を見ろ。包丁で切ったように、きれいに畳まれているだろう。貴様らもこのようにやるのだ。では三号、用意。寝ろ！」。寝ると今度は「起きろ！」である。

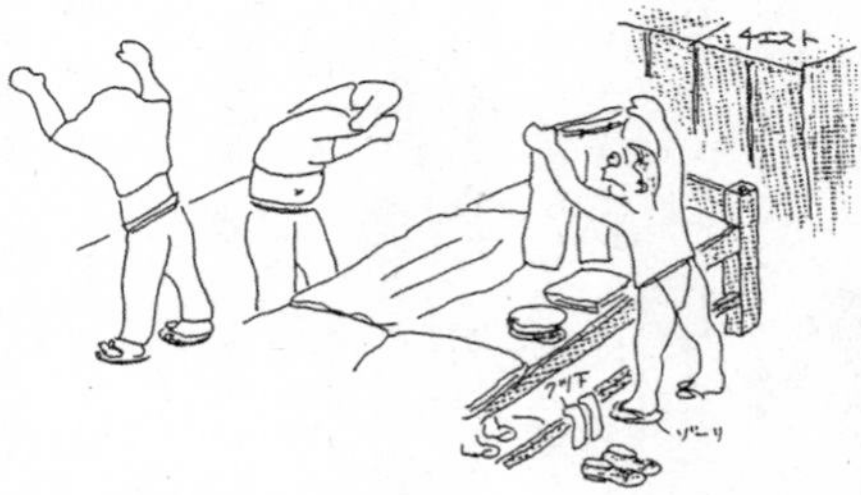

このようにして、巡検までの時間、入校当日の夜から入校教育中の三週間続いたと記憶するが、毎晩自習時間が終わると「起床動作」の練習が寝室で行なわれた。毛布の畳み方が悪いと、起床後に廻って来た週番生徒が「江田島地震」と称して毛布をひっくり返している。ただでさえ時間がないとき、昼食後に山のように床上に積み上げられた毛布の中から自分の毛布を探し出して、きれいに畳み直さねばならない。今でも身支度を短時間でできるのは、この「起床動作」のおかげかもしれない。

分隊総員が毛布にくるまって寝て間もない二一時三〇分、哀調を帯びた「巡検」ラッパがゆっくりと寝室のス

入校教育中、巡検まで毎晩行なわれた「起床動作」の練習

ピーカーから流れると、三号は西も東も分からぬ生徒館で一号に追いまくられた一日からようやく解放され、ホッと一息ついた。「聞いて極楽、見て地獄。なぜ兵学校を志願したのか」と大多数の三号が思ったのではないだろうか。

当直下士官が「巡検」といいながら、当直監事と週番生徒一行を先導してきた。彼らは静かに、足早に寝室を通り過ぎていった。「巡検、終わり」という当直下士官の声が聞こえてきた。電灯を消した暗闇の中で、「三号は、今日のことはすべて忘れて、ぐっすり寝ろ。明日は明日の風が吹く」という伍長の低い声が聞こえた。

暗闇の中にふと人気を感じたところ、耳元で対番の籠谷生徒が関西訛りで囁いた。「いいか、菅原。これぐらいで挫けるな。一号生徒、二号生徒、みんな同じようにやってこられたのだ。元気を出して、明日から頑張れ」、そういいながら毛布を肩まで掛けてくれた。不覚にも眼頭が熱くなるのを覚えた。

遠くから、飛行場の西側を通る列車の「ポー」という郷愁にかられる汽笛が聞こえてきた。あれに乗れば二時間で家に帰れると思うと、何となく物悲しい気持ちがこみ上げてきた。家を出てからまだ一週間にもなっていないのに、もうずいぶん昔のことのように感じた。

「明日は明日の風が吹くか。乗り掛かった舟、今さらおめおめ帰るわけにはいかない」と雑念を振り払う。こうして、兵学校生活の第一夜が更けていった。

入校教育　四月一一日〜五月一日

一九四五年（昭和二〇年）四月一一日、いよいよ兵学校における生活が始まった。

総員起こし、洗面、日課手入れ

四月一日から夏季日課である。五時二五分になると、寝室のスピーカーから電源が入った「ブー」という音が聞こえ、次いで「総員起こし、五分前」の放送があった。三号の誰かが動いたのか、「三号、動くな！」と一号から叱声が飛ぶ。頭の中で起床動作をやってみる。五時三〇分、起床ラッパのラスト・サウンドで修羅場が始まった。昨夜の練習どおりに跳び起きて毛布を畳み、身支度をしようとするが、なかなか思うようにはできない。「だらだらするな！」「いそげ！」と一号に怒鳴られながらどうにか身支度をし、略帽を被って寝室を跳び出し、洗面所に向かう。水道の蛇口から水を出しっぱなしにして顔を洗い、歯を磨く。この方法が水の使用量が一番少ないとのことである。

五時四五分～六時は体育、日課手入れ（室内掃除）である。上半身裸体、輪番の一号の指導で、「一五分間体操」と呼ばれる最も一般的な海軍体操をした。五分ばかりすると、室直（室内掃除当直番）が寝室、自習室の掃除のために生徒館に戻り、残りの者は体操を続ける。

起床から朝食時までは、出会った上級生には歩きながら敬礼をすることになっていた（五時四五分までは駈け足でもよい）。うっかりして欠礼すると、「欠礼するな！」と雷が落ちること間違いなしである。前述のとおり、この時間帯には生徒は師への礼を尽くして、教員にも敬礼した。

六時二〇～五〇分は朝の自習時間である。当日の学科の教科書などを準備すると、予習はとても無理。勅諭の黙読程度で、自習時間はアッという間に終わるのが常であった。

朝　食

七時に朝食であるが、その五分前になると食堂の入口付近に集まり、スピーカーから流れてくるモールス信号を受信帳に書き留めた。開始は「ツートト　ツーツートツー」が繰り返され、続いて前後脈絡のない五〇音と数字が初めはゆっくりと聞こえてくるが、段々と送信速度が上がり、最後のほうは聞きとれなくなる。そして「トトトツートト」で終わり、ラッパが鳴り終わってから食堂に入った。三号を先頭に食堂に入り、各分隊の食卓の席次に従って決められた各自の席に行って立つ。入口近くの生徒館側壇上の食卓で当直監事が「着け」と号令をかけ、生徒は総員一斉に着席する。岩国では、生徒の食卓は当直監事の壇と並行に並べてあったので、半数の生徒は当直監事に背を向けることになった。「かかれ」の号令で、食事を始めるのである。

食事は「かかれ」で一斉に始まる

朝食のメニュー。岩国分校では食パンではなくコッペパン

入校前、兵学校の朝食はパン半斤と、ジャム、マーマレードまたは白砂糖若干、味噌汁

と聞いていたが、岩国分校ではパンは週二度くらいだったと記憶する。それも食パンではなく、コッペパンである。久賀に疎開してから、パンは一度も出なかったように思う。本書を書いているうちに、パンのとき味噌汁は箸で食べたか、スプーンだったかという疑問が生じたが、スプーンを持った漫画がある。スプーンで食べたのであろう。

当直監事の「開け」がかかった。数名の二号が、すぐさま席を立って出て行った。近くの一号が、隊務当番の者は「開け」がかかると、食事が終わっていなくても直ちに食堂から跳び出して、隊務をするのだ、と教えてくれた。

厠（トイレ）

厠（かわや）（トイレ）は当時、日本の学校や家庭にはなかった水洗トイレだった。スモール（小）の場合、「一歩前」を厳しくいわれ、足乗せ台の上に滴を落とすことはご法度である。グレート（大）の場合は、扉の外側にあるフックに帽子を掛けて中に入る。これが「使用中」を示し、扉には内鍵がない。夜間、巡検後にトイレに歩いて（走ることは不可）行くときも、帽子を被って行った。便器は和式なので、汚さないようにチリ紙を一枚敷いてから用を足すようにと躾けられた。

岩国の厠は、紐を引っ張って流す方式だったので、どういうことか、用を達した後で流すのを忘れるサムライもいたらしい。「ピリ、ピリ、ピリ……。待て！　本日、汚物放置あり。心に恥ずる者は、自習中休みに週番生徒室に来たれ」。後はお達しと修正が待っていることは、いうまでもない。

どこのトイレにも出入口に昇汞水を入れた白い琺瑯(ほうろう)引きの洗面器が三脚スタンドの上に置いてあり、用便後は両手を入れて消毒した。その後は、各自のハンカチで拭くのであるが、「恥ずべきもの、爪の垢、汚れハンカチ、靴下の破れ」といわれ、いつも清潔なハンカチを持っていることを旨とした。しかし、クラスメートの誰に聞いても、いつどこでハンカチを洗濯したのか、覚えている者がいないのも不思議である。昇汞水を入れた洗面器は自習室の入口にもあり、これらを取り換えてきれいにするのも三号の隊務の一つであっ

(筆者の時代は略帽)

用足し後には必ず昇汞水で両手を消毒

た。

定時点検、課業整列

七時四五分、庁舎前に、生徒総員がベグを小脇に抱えて分隊ごとに整列する。このとき、靴、特に踵をよく磨いておかないと一号の雷が落ちた。

七時五〇分、「定時点検」のラッパが鳴り響く。各分隊の伍長は分隊員を整列させ、各部週番生徒に「第〇〇〇分隊」と報告する。各部週番生徒は、生徒隊週番生徒に「第〇部」、生徒隊週番生徒は当直監事に「生徒隊」と次々に報告する。ここで生徒隊監事鹿江大佐が正面壇上に立ち、生徒隊週番生徒が「かしらー（頭）、左」と号令をかけると、生徒が一斉に注目の敬礼をする。「なおれ」があってから、各分隊監事は監事付を従えて、整列した分隊員の前をゆっくりと歩きながら一人一人の健康状態や服装を見て、質問や注意をする。

分隊監事といっても、年齢からすれば二十代の後半から三十代の初めである。しかし、当時は神様の次に偉い人のように見えて、質問や注意があると大いに緊張したものである。

点検が終わると「かかれ」のラッパが鳴り、各分隊は解散して各学年とも教班別に集合、整列する。八時五分、「課業整列」のラッパが鳴り、続いて「行進」ラッパの軽快なリズムに乗って、一号、二号、三号の教班順に講堂に向かうのであるが、各学年で、歩き方、手の振り方、ベグの抱え方が違った。ゴリラ・スタイルの一号、整然とした二号、ぎこちない三号、遠くからでもすぐ見分けることができた。

課　業

入校教育中は学術教育がなく、午前中は八時一〇分〜一二時まで、午後は一三時に課業整列、一三時一〇分〜一

7時45分、ベグを抱えて整列。定時点検を受ける

整列時に靴の踵が汚れていると一号から落雷

課業整列。教班ごとに並び、行進ラッパに合わせて隊伍を組んで講堂に向かう

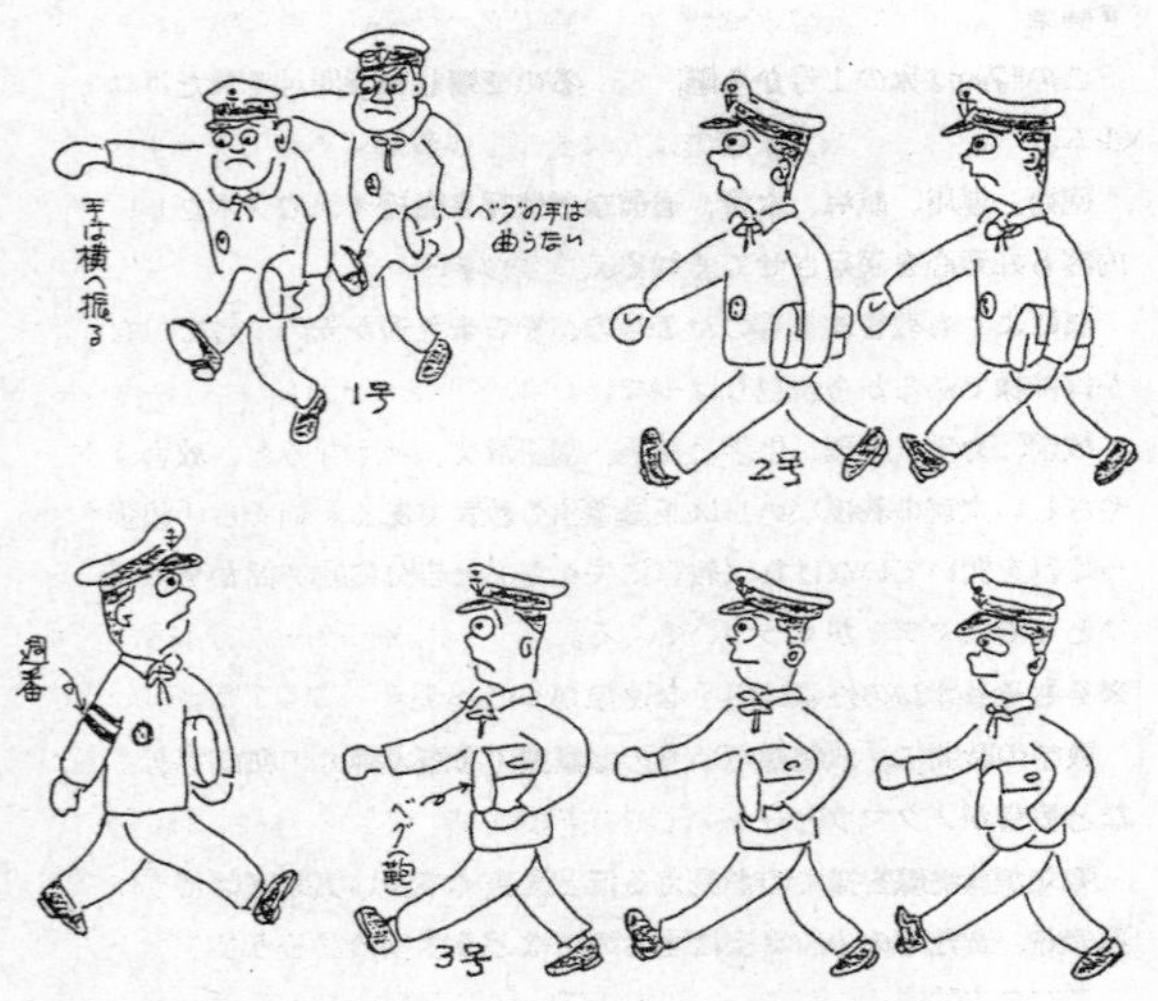

一号、二号、三号がすぐに見分けられる課業行進の姿

四時、一四時一〇分～一五時二〇分、一五時三〇分～一六時三〇分に分けて精神教育、陸戦、体操、短艇、信号（手旗）、通信（モールス信号）など、兵学校生活を乗り切っていくために必要な精神力、体力、躾、知識を特訓で叩き込む分刻みの日課が準備されていた。

精神教育

本校の七七期主任指導官吉田正一中佐は、入校教育当初の精神教育で次のように述べている。

「兵学校で行なわれる生活は、およそ若人として最も苦しい辛い生活である。若人を徹底的に辛苦のどん底まで突き落とす生活が、兵学校生活である。それは、惨憺たる試練の連続である。これが実に兵学校生活の実相である。諸子は、もし華やかな幻想を抱いていたとすれば、すべからく第一にそれを払い去って、荒道場たる兵学校の実相を直視する必要がある。それは、男の中の真の男のみが堪えうる、いわゆる薄志弱行、軟弱の徒輩にはとうてい縁のないところである。

兵学校生活から辛い、苦しい気持ちを抜き去ったならば、兵学校生活は成り立たないのであって、在校中一度はウソでなく、本当にもうこれまでと思うような、死ぬような羽目に陥ることの必ずあることを覚悟すべきである。かくして苦しませ苦しませつつ鍛錬していくうちに、真の将校生徒が出来上がってゆくのである（後略）」

確たる記憶はないが、岩国分校の期主任指導官竹山少佐も入校教育の開始にあたり、同じような訓示をして、筆者たちの覚悟を促されたと思う。

陸戦

入校教育中の陸戦は、「気をつけ」「休め」「右向け、右」「前へ、進め」などの基本動作から始まった。海軍の教育手順に「目に見せて、耳に聞かせて、させてみて、褒めてやらねば、誰もやるまい」という詠み人知らずの短歌があるが、教官が説明、教員が模範を示し、筆者たちが実際に繰り返して演練した。そして最後に「さすが、生徒は飲み込みが早い」などと一言褒めて終わった。服装は、略装、略帽に編上靴、紺色のゲートルを巻いた。

小銃も基本的には艦砲と同じ機構なので、その部品名については海軍独自の名称が使われていた。例えば、銃弾を込め、銃尾を閉じて固定する機構を中学（陸式）では槓桿（こうかん）と教わったが、海軍では尾栓と称した。機関砲も機関銃も、すべて「機銃」である。その他、諸々。

海軍に入って、陸軍のように陸戦とは、いささか抵抗を感じないでもなかったが、軍人精神の涵(かん)養(よう)には陸戦が一番などといわれては、無下に馬鹿にはできない。そのうちに執銃訓練も始まり、かなりの時間数が陸戦に充てられた。入校教育が終わってからの陸戦特別訓練で、匍匐(ほふく)前進、挺身奇襲、対戦車肉薄攻撃など、本格的な訓練が行なわれた。

体　操

オレンジ色のズックの体操靴は貸与されたが、上級生のような体操服、体操帽、体操帯は貸与されなかった。とすれば、体操靴、略装のズボンと襦袢、または上半身裸体で体操をしたのであろう。

教官監督の下、「館砲(たてほう)」こと、館山(たてやま)砲術学校で体操を専門にやって来た筋骨隆々たる教員が、

夏用体操服による「一挙動膝屈伸」(左)。右は冬用体操服

「爪先を合わせて軽くその場跳び」「誘導振」（手を前と横に振る）に始まる連続体操をみっちり仕込んでくれた。海軍体操は、デンマーク体操をモデルにして、メナド（インドネシア、スラウェシ〈セレベス〉島）に落下傘降下した海軍部隊の隊長堀内豊秋中佐（五〇期。その後大佐。戦後ジャカルタにて刑死）の考案になるものと聞いた。身体が柔軟になり、一度は体重が減るが、再び増加したとき本当に筋骨逞しい身体になるのだといわれたが、身体中の節々の痛いこと、だるいことには往生した。しかし、それも入校教育が終わったころには大体回復していた。

海軍体操の中で「一挙動膝屈伸」というキツイ動作があった。読んで字のごとく、「イチ!」で両腕を斜め上に上げ、一気に両膝を曲げてお尻が踵に着くまでストンと下ろすと同時に立ち上がる。「ニイ!」で、これを繰り返すのである。二〇〇回もやれば、ノビること間違いなし。

短艇（カッター）

その形は海水浴場などで見かけるボートに似ているが、長さに比べて幅が広く、カッター（略字は「舠」と書く）といった。木製、長さ九メートル、幅二・四五メートル、重さ一・五トン。これを長さ約四・五メートル、直径七六ミリ、握り手の近くにバランスをとるために直径三八ミリの鉛を四個埋め込んだ重さ一〇キロの櫂一二本で漕ぐ。艇指揮（号令官）と艇長（舵取り）を含めた定員一四名、最大積載人員四五名という代物である。

漕ぎ手の艇座は、右舷が一番から一一番までの奇数、左舷が二番から一二番までの偶数である。通常、一番から四番までは背の低い者、九番から一二番までは中背の者、五番から八番までは大男を配置した。艇座の間隔もそれぞれの背丈に従って若干異なる。艇座によってその役割は決まっていた。例えば、五番～八番は「中ごろ」と称して推進力の担い手、一一と一二番は橈漕のペースメーカーになるので、几帳面かつ責任感旺盛な者が選ばれた。筆者は背が低いほうだったが、発進時や達着時に爪竿を持った記憶がないので、おそらく三番を漕いだと思う。右利き左利きには関係なく、漕座が決まれば後は慣れであった。

漕ぎ手は、それぞれの艇座に腰掛ける。といっても、お尻を艇座の端にちょっと乗せる程度である。「櫂備え」の号令で、櫂座栓を櫂座（櫂が収まるように、舷側が丸く切り取ってある部分）から抜いて櫂を櫂座に入れ、両足を前の艇座にかけて身体を前後に倒せるような姿勢をとる。「用意、前へ」の号令で、身体を前に倒しながら両腕を前方に一杯突き出す。そして、櫂の水かき（平たくなった部分）で海水を捉え、身体を後方に倒しながら両腕を胸のほうに引き寄せる。次に櫂を前に突き出すときは、水かきが海水を捉えやすいように櫂をその縦軸周りに回転させる。この動作を繰り返す。通常のピッチは、毎分三二〜三三枚である。これらの諸動作も教員が模範を示し、手取り足取りして懇切丁寧にできるまで教えてくれた。

手を豆だらけにし、息をしただけでも腹の皮が痛くなり、お尻の皮が剝けてストッパー（ここでは褌のこと。上級者に使うことは不可）を汚したという辛い思い出はあるが、カッターほど団結力を養う上でよい訓練はない。カッターを漕いで早く目的地に着く。そのためにはクルーが一致団結、ペースを合わせて分担した任務に全力を尽く

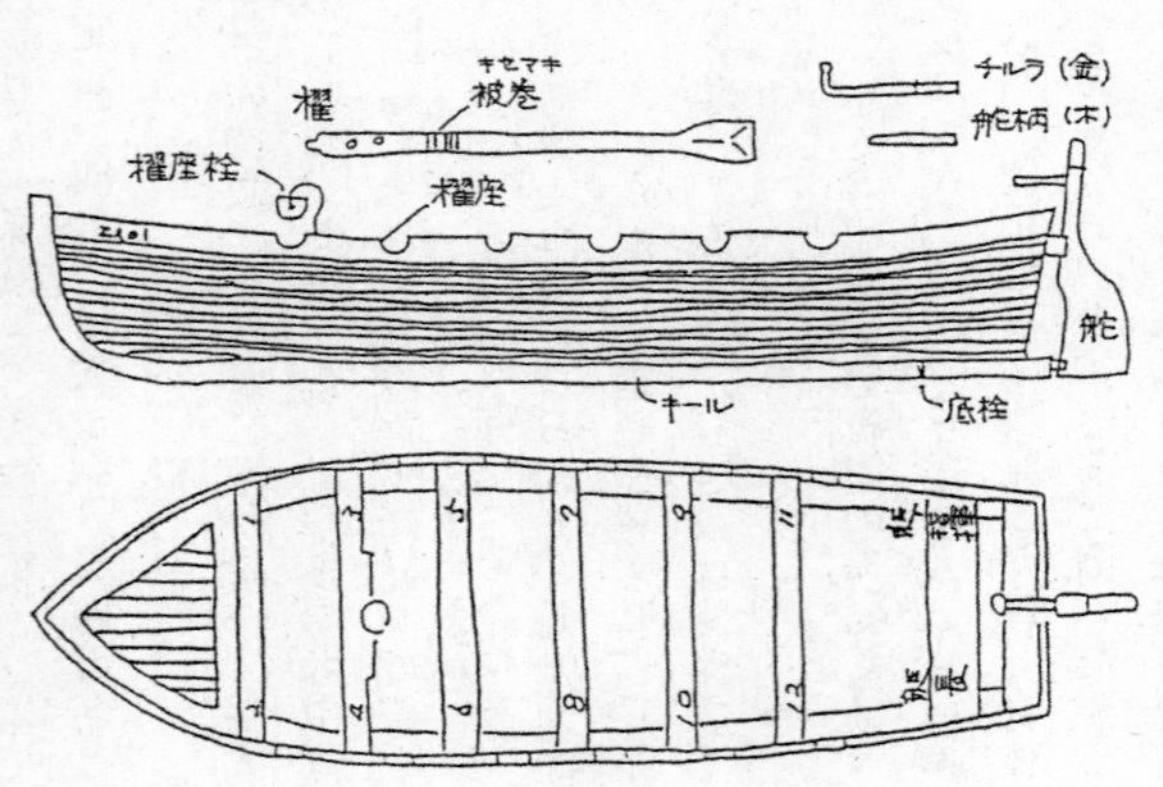

短艇（カッター）の構造。木製で重量1.5トン

す。自分がサボるとどんな不利益をチームに及ぼすのか、チームにおける自分自身の役割と責任の重大性がはっきりと分かる。

舵を右へ取ることを「面舵（おもかじ）」、左へ取ることを「取舵（とりかじ）」といった。転舵後、船が所定の方向に向き、そのまま直進するときの命令が「宜候（ようそろ）」である。

艇指揮と艇長は、その上手下手によって、漕ぎ手の努力を台無しにしたり、または成功に導いたりする。漕ぎ手の失敗は取り返しがつくが、艇指揮と艇長の失敗は総合的に影響を及ぼし、取り返しがつかない。クルーが団結、協調し、お互いに見合わせながら、それぞれの任務を遂行することの大切さはいうまでもない。

岩国分校のカッターで

クルーが一致団結し各自の任務に全力を尽くすカッター訓練。分隊の団結力が一層高まる

カッター訓練でスリむけた尻にヨードチンキを塗る

特筆すべきことは、カッターが繫留してある水上隊の桟橋までの約二キロを、飛行場をほぼ東西に横切って駈け足で往復しなければならなかったことである。生徒隊の編成は二部、二四個分隊であるのに対し、ダビットの数が不足。したがって、奇数分隊と偶数分隊が一ヵ月交代で、半数の分隊がダビットを使用し、残りの分隊が廃艦になった潜水艦桟橋にカッターを繫留するようになっていた。

ダビットを使用する場合は、カッターの底栓を抜いておけば雨水は艇外に排出されるが、繫留している場合は、艇底に淦が溜まる。特に雨の日の淦汲みは、雨着を着て、ズボンの裾をまくり、重い甲板桶を持って裸足で走る。その辛いことは想像に絶する。悪名高き「カッターの遠い岩国」である。

元管制官の習性として、飛行場を横切る場合、離着陸する航空機に対する危害予防はどうしていたかという疑問が生じたが、滑走路南側の末端と水上隊に行く通路に間があり、当時、航空管制は実施されておらず、ましてや地上交通の管制など論外であったのであろう。滑走路の延長線上を横切るときは、離着陸する航空機に注意せよといわれた記憶はない。

沖合七キロにある甲島との中間に、瀬戸内海ののどかな風景に似合う白砂青松の姫小島がある。はっきりした記憶ではないが、弁当持参で、島陰にカッターを停めて一時を過ごしたこともあったように思う。分隊に船酔いの酷いクラスメートがいて、教員から「〇〇生徒は、『繫船桁（けいせんこう）』」と冷やかされていた。繫船桁とは、艦が入港すると舷側の外に張り出して小舟を繫ぐ水平の桁である。その心は、港に着くと桁（元気）が出る。

当時から七〇年経った現在、本校、分校、部や分隊は違っても、初対面において「七七期です」の一言で、一〇年の既知のような気持ちになれるには、辛い訓練、なかんずくカッターのそれが、一役も二役も買っているように思われる。娑婆では生活を共にした親しい仲間のことを「同じ釜の飯を食った仲」というが、兵学校では「同じ甲板で血を流す仲」といわれていた。このような関係は単にクラスメートのみに留まらず、戦史研究をしている関係で多数の先輩方を取材したことがあるが、「兵学校の七七期です」というだけで、肩書きのある紹介者の名刺を出すよりも遥かに懇切丁寧に質問に答え、資料の提供や当時の関係者への紹介など、恐縮するほどの面倒をみていただき、何時も兵学校の先輩方は有難いと思ったものである。

信号（手旗）

当時の信号には、手旗、発光、旗旒があったが、手旗をやらされた。右手に赤旗、左手に白旗を持ち、教員の動作と号笛に合わせて旗を振る。長くやらされると腕が疲れて動かなくなる。手の動きが鈍くなると、教員から注意された。前述のように生徒の身分は上等兵曹の上なので、教員は生徒に命令できない。したがって、「○○生徒、手は真っ直ぐに上げろ」という代わりに、「真っ直ぐに上げる」といったものである。本書を書くまで、モールス信号も手旗も通信手段なので、通信科の分掌と思っていたところ、豈図（あにはか）らんや、後者は航海科の分掌と判明した。

軍事学（兵学）

入校教育の終わり頃、「海軍兵学校将校の責務」について受講の記述があるが、それ以外、具体的には何を習ったか思い出せない。海軍の全般的な事項に関する解説ではなかったかと思う。ラ

長時間の手旗信号の訓練では、さすがに腕が疲れて動きが鈍る

ッパの号音もこの時間に習ったのではないだろうか。総員起こし、食時、課業始め、などの日課は、すべてラッパの号音で始まった。号音が鳴っている間は「気をつけ」の姿勢をとり、ラスト・サウンドで発動したのは前述のとおりである。

昼　食

一二時一〇分から昼食であるが、朝食時と同様、五分前からモールス信号の受信練習が始まる。後は、これも朝食時と同じ要領である。「開け」がかかるまで、ゆっくりとよく噛んで食べるようにとのことではあったが、これは「タテマエ」で、入校教育が終わり二号から隊務を引き継いだ後は、三号には毎日何らかの隊務があるので、ゆっくりとよく噛んで食べるような余裕はなく、早くかき込んで、「開け」があれば素早く食堂から跳び出さねばならなかった。武芸十八般にはないが、兵学校では確かに「早飯も芸の内」であった。

バス（bath、浴場、入浴）

一六時三〇分に課業が終わり、一七時三〇分までの間が入浴時間である。バスには大浴槽と小浴槽がある。大きいほうは二号、三号用で、大人数のために込み合っている。また、游泳不能者の訓練にも使われるので、背が立たなくなるほど深くできていた。小さいほうは一号専用。自習室の後方出入口と同様、二、三号は間違ってもこのほうを使うことは許されなかった。

略装と下着をきちんと畳んで重ねて衣類棚に入れ、その上に略帽を載せ、手拭を持って浴場に入る。衣類の畳み方が悪いと、江田島地震が発生して床の上に散乱する。裸で自分の衣類を探すのには苦労する。手拭で前を隠すこと、浴槽に浸けることは、ご法度である。手拭は畳んで浴槽の縁に置く。

上がるとき、足の指を上がり湯で十分に洗い、よく拭いてから靴下を履かないと水虫にやられる。誰か一人が水虫に罹ると急速に伝染する。一度水虫に罹るとなかなか根治しない。水虫を経験しなかったクラスメートは、おそらくいなかったであろう。筆者も帰休後かなりの長期間、水虫に悩まされた記憶がある。真偽のほどは別として、

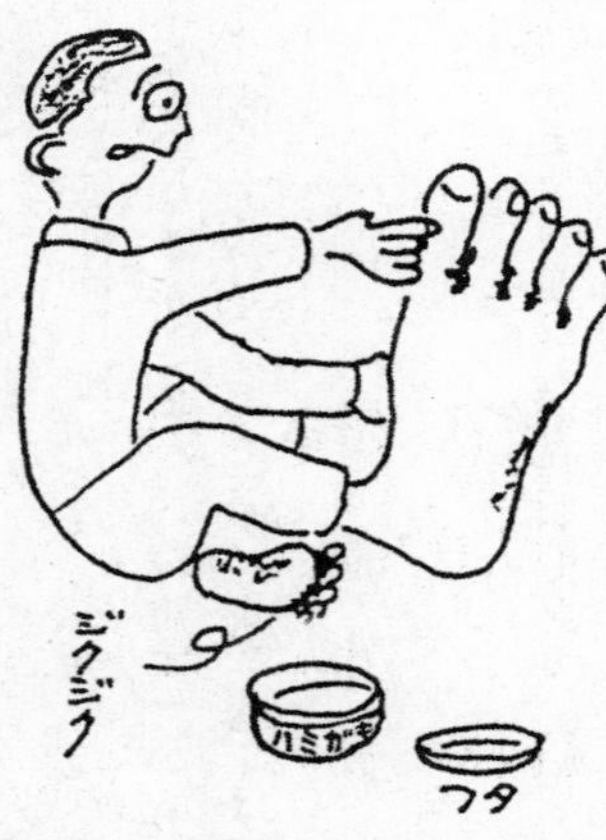

休み時間にベッドに座り、水虫に歯磨き粉を塗って乾かす

水虫は海軍中将になるまで治らないといういい伝えがあったと聞く。また、現在でも水虫罹患率の高い自衛隊では強力水虫治療薬があるらしいが、その詳細は知らない。

この後は、夕食、自習時間、五省、寝室で起床動作の練習があり、巡検で二日目が終わるのである。

第四章

分校の日々、疎開そして敗戦

あどけなさが残るも凛々しい海軍兵学校生徒

生徒作業簿等より

前章では生徒館生活の大まかな流れを説明したので、これから入校教育中とその後の毎日の日課や特記事項等について記述する。一週間の区切りを見やすくするため、日曜日の月日は傍線を付けて示す。また、B－29などの空襲や重大な戦局については、その影響や流れを知るために併記した。

この頃から、岩国上空にもB－29がしばしば飛来し始めている。沖縄戦では、四月六日から陸海軍の持てる航空戦力を全力投球した海軍の特攻「菊水第一号作戦」と陸軍の特攻「第一次航空総攻撃」が開始され、六月二二日まで続いた。また、戦艦「大和」以下一〇隻の海上特攻隊は沖縄を目指して出撃したが、四月七日、前述のとおり坊ノ岬沖合において敵艦載機の攻撃を受け、その主力が全滅した。そして内地も空襲、空襲で、もはや銃後ではなくなっていた。

入校教育　四月一一日〜五月一日

四月一一日（水）曇後晴：入校教育開始。

四月一二日（木）快晴：特記事項なし。

四月一三日（金）快晴：午前中、咄嗟（とっさ）に空襲警報発令、校内の防空壕に退避。晩春の碧空に真っ白な飛行機雲を引きながらB－29が上空を通過。単機の偵察飛行と思われる。迎撃する戦闘機も対空砲火もなく、我が物顔に飛行して南の空に消えた。筆者にとって、B－29との初見参となる。

四月一四日（土）晴：特記事項なし。

四月一五日（日）晴：本日以降、日曜日は隔週平日日課となる。夕食前、軍歌演習。大竹海兵団所属の海軍軍楽隊員数名が来校し、吹奏楽により正しい音程を教わる。

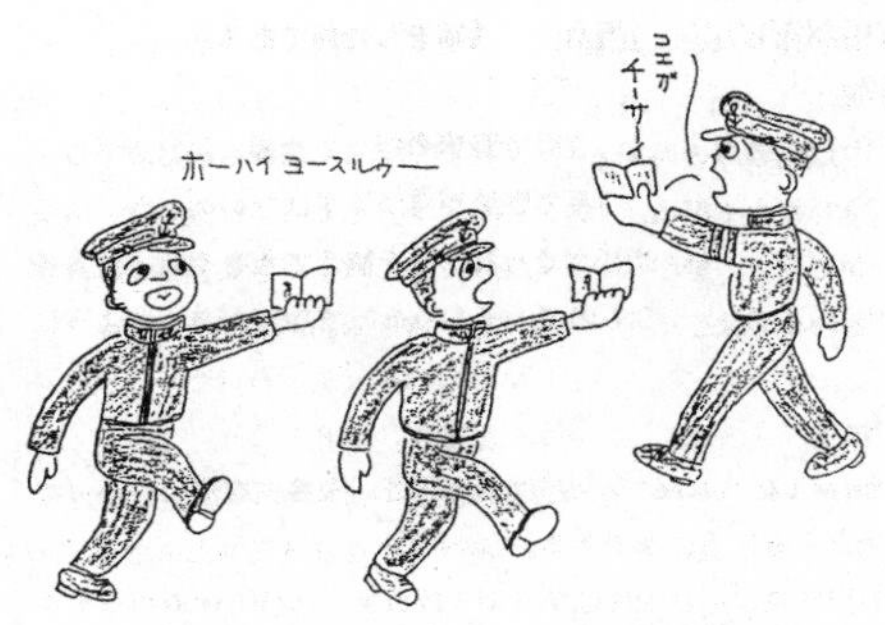

「江田島健児の歌」「如何に狂風」などの軍歌演習

曲目は「江田島健児の歌」に始まり、「如何に狂風」「艦船勤務」「決死隊」など。筆者の場合、海軍の軍歌は学徒動員で光工廠にいたとき毎朝朝礼時に歌わされていたので、「江田島健児の歌」を除き、すでに知っていた。「如何に狂風」を聞いたとき、当時お寺の息子のクラスメート林君が、御詠歌みたいだといって笑ったのをふと思い出した。

速足行進しながら軍歌を歌う場合、左手に軍歌集を持って腕をいっぱいに伸ばし、通常、左足から始まるが、例外的に右足から始まる軍歌もあったという。それがこの「如何に狂風」であるといわれても、残念ながら筆者のような音痴組（優等生の「恩賜組」ではない）にはお手上げで、理解できない。

四月一六日（月）晴：「生徒作業簿」の記入が始まる（この日以前の日課に関する記録は見当たらない）。電信（モールス信号の受信）。早朝、小瀬川河口の陸軍燃料廠がB－29に爆撃され、構内発電所付近に被弾。

作業簿は白表紙のノート風の日誌で、月日、曜日、課外作業、学習訓練その他に関する所感質疑と、最後の欄が週末所感になっている。本日どういうことをやり、どう思ったか、さらに、その週間を通じて感じたことも書き、毎週月曜日の課業前、分隊監事に提出して検閲を受ける。分隊監事は必要と認める場合または特命により、期指導官、部監事、生徒隊監事に回付することになっていた。その結果として、文言は、「〜セシハ遺憾ナリ。爾後、〜センコトヲ期ス」「〜、一層ノ努力ヲスベク決意ヲ新タニセリ」などのように、画一的な建前に流れる傾向がなかったとはいえない。兵学校教育の欠点は、能吏型の「建前の金太郎飴士官」を作ったと評する人もいる。

本日の訓練は、ダビット（吊り柱）に吊った短艇を使用。カッターは通常、岸壁のダビットに吊るしてある。まず、カッターの揚げ降ろしから訓練が始まる。前述のとおり、重量は一・五トン、揚げ降ろしは大変である。元来、重量物の揚げ降ろしは船乗りの必須作業であり、カッターの揚げ降ろしを通じて基礎を学ぶ。イラストに示すストッパーとは、文字どおり「停止装置」のことで、カッターをダビットから降ろすとき、繋柱に巻いてあるロープを単に

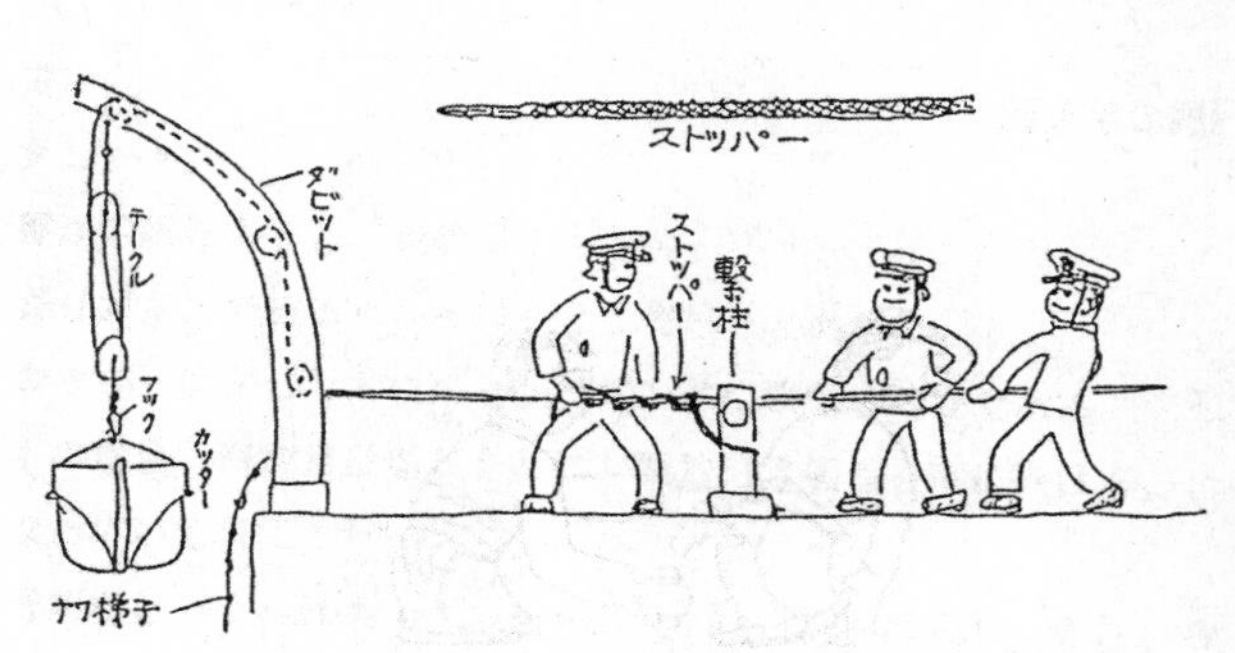

ダビットに吊ったカッターの揚げ降ろし時はストッパーで重量を支えて行なう

解くと、ロープはカッターの重量に引かれて走ってしまう。そこでストッパーをロープに巻き、カッターの重量をストッパーに移してから繋柱に巻いてあるロープを解いた。

カッターを吊り上げるときは、ロープを引っ張ってカッターを適切な位置まで引き上げた後、ストッパーで止めておき、それからロープを繋柱に巻き付ける。作業中は、迅速、確実、静粛（Smart, Steady, Silence ＝シーマンシップの三S）が要求された。また、このシーマンシップを三一文字の和歌に託して、「スマートで　目先が利いて几帳面　負けじ魂　これぞ名乗り」ともいった。

余談であるが、一九八八年の秋、筆者は松永市郎氏（六八期、故人。『先任将校』光人社刊・著者）のお供をして、戦時中に同氏の乗艦、軽巡「名取」を撃沈した米潜水艦「ハードヘッド」の元艦長フィッツヒュー・マックマスター大佐（退役）と一緒に、アナポリスの米海軍兵学校を訪問したことがある。このとき、海上自衛隊から連絡官として派遣されていた安斎勉3佐に校内を案内していただいた。交換した名刺の表側には日本語で「航海科」とあるので、英語では“Navigation Department”というのだろうと思って裏側を見ると、“Navigation & Seamanship Department”とあった。名は体を表わすという。あの巨大な機動力の塊のような米海軍が、兵学校において基本を忠実に教えていることに、深い感銘を受けたことを思い出す。

四月一七日（火）晴：陸戦（伏せ撃ち、膝撃ち）。夜、自習室において数学考査。後日、結果は惨憺たるものと伍長から聞かされたが、昨年九月以来半年以上、学徒動員のためにまったく勉強できなかった筆者たちにとっては、当然の結果であろう。

四月一八日（水）晴後曇：短艇（ダビット使用）。空襲に備え、起床時に毛布を畳んでシーツで包み、何時でも搬出できるように準備しておくことになる。これで江田島地震がなくなって、三号は内心大喜び。毎朝警戒警報発令。

四月一九日（木）雨後曇：精神教育（勅諭衍義）。

四月二〇日（金）曇後雨：短艇、信号（手旗。送信はほぼ確実。受信は不確実）。

四月二一日（土）晴：精神教育（三号は特に純真、正直であれ）。夕食後、艦内（校内）旅行。伍長から渡された紙に記載されている数ヵ所（場所の記憶なし）に行って、そこにいる二号（内緒でヒントをくれた）に認印をもらい、決められた時間までに帰ってくる競技。三号は、一人一人が時間差をつけて出発し、途中ではお互いに口を利くことができない。知っていれば一五分位で廻れる場所でも、最初は三〇～四〇分もかかる。B－29単機偵察。

四月二二日（日）晴：錦帯橋へ行軍。一種軍装、編上靴にゲートル着用、短剣なし。

錦帯橋へ行くには街中を通る道と、門前川左岸沿いの道があるが、このときは街中を行軍したと思われる。丸腰の筆者たちを見て、沿道の子供が「予科練」「予科練」と叫んでいた記憶がある。

分厚いアルミの弁当箱に入った弁当は、白風呂敷で包んだ。副食はスパニアン（注：ロープを作る素子にタールを滲み込ませたものを「スパニアン」といった。カッターの櫂の被巻〈櫂の櫂座と擦れる部分に、摩擦による摩耗を防ぐために巻いたもの〉が、切干大根を煮しめたものに似ているのが由来）と油揚げを汁が出ないようにカラッと煮しめたものが定番の一つ。いつも梅干しが一個。この日の大型ハービス（Hard Biscuit、防災用乾パンの約六倍）二枚は特別配給。水筒持参。記念撮影。

四月二三日（月）晴：短艇。電信（受信は向上）、信号（送信はほぼ確実）。

四月二四日（火）晴：軍事学（海軍兵科将校の責務）。夕食前、総員練兵場に集合。生徒隊監事から第一航空艦隊首席参謀猪口力平大佐が紹介され、比島における第二〇一航空隊による第一神風特別攻撃隊（関行男大尉指揮）の編成について講話あり。

四月二五日（水）晴：靖国神社臨時大祭遥拝式。

四月二六日（木）晴：二〜五時限、弁当持参で内火艇に曳航されたカッターに乗り、帝人、陸燃沖を通過し、一九一〇年（明治四三年）、新湊沖にて遭難した第六潜水艇、佐久間勉艇長の記念碑を見学。一六日の爆撃で焼けただれた建物の骨格だけが残っていたのを見て、敵愾心を燃やすも、相手がB－29では如何ともしがたし。今やるべきことに最善を尽くそうと決意を新たにした。帰路は各分隊の競漕との記録がある。佐久間艇長の記念碑を見学に行ったかすかな記憶はあるが、競漕の記憶なし。警戒警報は日課のごとき感あり。

四月二七日（金）晴：短艇、各分隊の橈漕ほぼ良好。兵学校における訓育や学術教育の目的、向学的学習方法について訓示あり。

四月二八日（土）快晴：棒倒し（総員訓練の一つ。三号は見学）。一部と二部の奇数分隊と偶数分隊で、それぞれ約二五〇名からなる計四個集団を構成して部対抗で対戦する。各集団とも、攻撃隊と防御隊に折半する。一方の集団は襟に黒の太い縁取りがある棒倒し服を着る。他方の集団は、棒倒し服を裏返して着るので、襟周りが白く、敵味方が一目瞭然に識別できる。下は略装のズボンに無帽、裸足。事業服はズボンがずり落ちないように紐で縛るが、略装は金具付きのベルトを締めるので、危害予防上どうしたかと気になった。調べたところ、個人のメモの中にベルトを木綿紐に替えたという記述が見つかったが、筆者には全然その記憶がない。クラスメートに問い合わせたところ、彼にも木綿紐の記憶がなく、通常のベルトのままだったと思うとの返事がきた。たぶんベルトのままだったと思われる。事前に手足の爪を切っておいたことは、いうまでもない。

防御隊は長さ二・五メートル、直径一五センチの棒を中心に、屈強な二、三号数名があぐらをかいて棒を支え、その周りを二、三号が十重二十重のスクラムを組んで防御台を作る。その上に防御隊の一号が乗って防御陣地ができあがる。陣地の前に一号の遊撃防御役が出て、殺到する敵攻撃隊の障害になり、敵が自陣に取り付くのを遅らせる。「合戦準備」のラッパで、以上のような隊形が約一〇〇メートルを隔てて整えられる。「戦闘」のラッパが鳴り、総員の鯨波（げいは）（鬨の声）一声で戦闘を開始する。後は無言。

棒倒し服。識別線の入った服と裏返して着た服で、敵味方を区別した

「戦闘」のラッパで始まる棒倒し。戦闘時間は約2分30秒

当て身と逆手以外は何をしてもよい。攻撃隊の主体である攻撃台（ラグビーのスクラムの大きなもの）は、敵防御台の正面に取り付いて、人間の背中でスロープの攻撃台を作り、その上を攻撃隊の本体の一号が駆け上がって棒に取り付く。

約二分三〇秒が経過すると「待て！」のラッパが鳴る。このときの棒の傾き具合で判定が出る。週番生徒が判定結果を審判（当直監事）に報告し、審判が勝負を宣言する。勝った集団は、ここで「バンザイ」一声（手を挙げない）で終わる。負けると「有志訓練」（言葉の意味とは違い強制）が待っていて、攻撃台と防御台を作って、押すこと、耐えることを訓練した。現在、棒倒しは防衛大学校でも開校記念日の目玉行事になっていると聞く。

四月二九日（日）晴：天長節。起床後直ちに一種軍装着用、八時より遥拝式。九時～一〇時、教官対生徒の野球、籠球（ろうきゅう）（バスケットボール）、庭球（テニス）試合。生徒は籠球のみに勝つ。分隊監事より「入校時の校長訓示」について訓話あり。B－29単機偵察（江田島）。

四月三〇日（月）曇：観艇式建付（たてつけ）。列艇が式の位置につくのに難渋。その後、三〇〇講堂において、生徒隊監事から「デビスカップ争奪戦」で活躍された山岸二郎主計長が紹介され、欧米人の闘争心について講話。一八時三〇分より「海の薔薇」（轟夕紀子主演のスパイ映画）観賞。興味がわかず、途中から灯火管制で暗闇になった練兵場を横切って自習室に戻る。赤い航空障害灯の灯った無線標識の鉄塔を目標に、数機の九三式中練（陸上中間練習機。通称「赤トンボ」）が繰り返して低空で飛来していた。

――余談であるが、この中練航空隊は五月初旬第五航空艦隊に編入され、「月雷」特攻隊を編成した。そして六月上旬、全機が富高に移駐したのは前述のとおりである。八月上旬、その一部は最後の発進基地である串良に進出したが、そのまま敗戦を迎えている。実際に中練が特攻に参加したのは、七月二九日、台湾の新竹から出撃し、宮古島経由、夜陰に乗じて嘉手納沖合の米艦艇を攻撃、駆逐艦一隻を撃沈、数隻に損害を与えた第三龍虎隊の七機だけである。

起床動作は三号総員が二分三〇秒を切り、毎晩の練習が終わる。これ以降、巡検までの間「雑談タイム」に参加することになる。

戦後に知ったことであるが、ある分隊では二号からこっそりと伝承した方法で、起床動作の時間を短縮したそうである。例えば、襦袢（じゅばん）は一番上のボタンを除き全部留めたままで、あらかじめ前立てを縫っておく。総員起こし五分前に電源が入った音が聞こえたら、足元に巻いた毛布をそうーっと緩める。通路を隔てた隣の三号と話し合って、一人がベッドの枕側で服を着ている間、もう一人はベッドの脚側で毛布を畳み、お互いに邪魔しないようにする、などなど。一号にやられっぱなしの三号の中には、こうした虚々実々の駆け引きで対抗していた者もいたのであろう。

　全般：岩国地方特産の筍が毎日食卓を賑わしたというが、記憶なし。

五月一日（火）小雨：列艇式、観艇式により入校教育修了。監事長より「優秀」の講評をいただく。訓示後、「奉公十則、海軍大将鈴木貫太郎」を配布。その後、後進で栈橋に達着した際、ある分隊のカッターが艇尾の軍艦旗を掲げた旗竿を破損、監事長よりお叱りを受く。夕食後、養浩館にて第一回クラス会を開催。

課業　五月二日〜五月二〇日

五月二日（水）曇後晴：課業開始。国語（明治天皇）、物理（光学）、電信。学術教育は、その日のうちに理解する要あり。物理はレンズの原理。教官が生徒の理解度を把握するための小テストに、当てずっぽうの解答で満点。後味悪し。

五月三日（木）晴：基礎数学、運用術（船体具）、歴史。夜、自習室にて英語考査。B－29単機上空通過。六時一五分空襲警報発令、六時四八分警報解除。

五月四日（金）晴後曇：基礎数学、歴史、化学。伍長補より明日の棒倒しに関し、注意事項の説明あり（棒倒し係、係補佐はなかった）。巡検前の「雑談タイム」で、ある一号生徒が興奮気味に、「今日飛行場でY－20（双発陸上爆撃機「銀河」）を見てきた。戦闘機よりも速く、急降下爆撃、雷撃もできる。これがあれば戦局を挽回できる。陸軍の三式戦闘機「飛燕」も着陸し、ここは内地ですかと尋ねた」と話してくれた。当時、沖縄への特攻は南九州（鹿屋、知覧など）から発進していたので、岩国がその中継基地になっていたのであろう。

五月五日（土）晴：本土決戦に備え、岩国護国隊結成（本校、大原でも護国隊を結成している）。兵学校もいよいよ臨戦態勢になった感あり。監事長より、なぜ兵学校において護国隊の結成をみるに至ったのか、認識を要すとの訓示あり。

由宇（山陽本線下りで岩国から二つ目）沖合で、「田島丸」触雷、沈没。

大掃除。三号にとってカッターと同様に苦しいのが土曜日午後の大掃除である。靴、靴下と上着を脱ぎ、襦袢の袖とズボンをまくってソーフ（木綿糸で編んだ紐を綱状に束ねたもの）を持って、相撲のように蹲踞する。次にソーフを両手で掴んで、前方の床に付ける。左足を左前方に出し、ソーフで同じく左前方に力を入れて床を擦りながら、体重を移して左膝を折り曲げる。それから右足を右前方に出し、ソーフで同じく右前方に力を入れて擦りながら、体重を移して右膝を曲げる。これを繰り返して前進する。

自習室ではデスク（寝室ではベッド）を片隅に移動し、「三号、ソーフ用意」と当番一号が号令をかけると、三号が六、七名横一列に並び、「まわれ」の号令で一斉に右に左に、ソーフで甲板（床）を擦りながら前進する。部屋の隅まで行くと「まわれ」の号令で一斉に廻れ右をして、今来た方向に前進する。この繰り返しである。当番一号は、オスタップから水を撒く。「〇〇は腰が高い。××は力を入れろ！」と一号の叱声が飛ぶ。甲板が濡れていないと三号が苦労することになる。大抵の一号は頃合（三〇～四〇回）を見て、「ソーフ止め。立て」と号令するが、中にはなかなか「立て」を命じない一号もいた。

兵学校の大掃除は、自習室や寝室をきれいにするというよりも、ソーフで三号に苦痛を与え、それに耐えさせようとするのが目的だったらしい。躾や鍛錬が、ときには精神主義を強調するあまり、ややもすれば非科学的、非合理的、前近代的になったのではないか。米国がブルドーザーやトラクターで飛行場を建設するのに対し、

土曜午後の大掃除。三号には忍耐の要る作業だ

日本は鶴嘴（つるはし）やシャベルで汗水たらしてやるのと似ている、と評する人もいる。棒倒し（三号初参加）。B－29一五〇機の爆撃により、広（ひろ）海軍工廠（現呉市東部）、第一一海軍航空廠は壊滅。一〇時三五分江田島にも来襲。

五月六日（日）晴：午前中、錦帯橋上流にて松根掘り作業。昼食は河原でさつま汁。三号初外出。B－29江田内（江田島湾）に機雷投下。夜間、空襲警報発令。

五月七日（月）晴：図学、運用術（船体具）、国語。敵機来襲頻繁。

五月八日（火）晴後曇：基礎数学、歴史、電信。ドイツ、無条件降伏。

五月九日（水）晴時々曇：機構学、基礎数学（指数、函数、対数函数）。

五月一〇日（木）曇：物理考査。この頃、伍長補から三号は入校以来一ヵ月になり、髪が伸びているので床屋に行くようにといわれた。床屋の場所が思い出せなかったが、地図で見ると、二部の生徒館の西側裏にあった。剃夫（ていふ）と呼ばれる床屋のおじさんに刈ってもらう。両手刈バリカンを使い、二分三〇秒で五銭というのが相場だったらしいが、岩国は普通のバリカンで割にゆっくり床屋気分が味わえたという上級生の記述もある。しかし、本校や大原を知らない筆者には他所と比較ができない。ある資料では、代金はボール紙の箱に六銭入れたと書いてある。伍長補から、つり銭は置いてこいといわれた記憶があるが、常時、財布を持っていなかったので、どこから理髪代を出したのか思い出せない。

また、入校教育が終わり一段落して家に手紙を書いたのも、この頃だったと思う。原則としてハガキ、毛筆、候文といわれていたが、そうでなければならぬと断定的に決められていたわけでもない。付けペンで、普通の文体でハガキを書いた。封書の場合は、分隊監事の検閲を受けてから封をした。母親からの返信が変体仮名（明治三三年、小学校令施行規則で採り上げられた平仮名以外の異体の仮名）で書かれていたので、判読に苦労したのも懐かしい思い出である。中身は特に取り立てていうほどもないことでも、便りがあるのは嬉しいことであるが、筆者からはあまり家に手紙を書かなかった。それをご存じだったのか、対番の中村生徒から、ときには家に便りを出せよといわれた記憶がある。

B－29大挙来襲。陸軍燃料廠と隣接する興亜石油麻里布製油所の被害甚大。

五月一一日（金）曇後雨：漢文（皇道）。敵機動部隊接近。敵機、呉、下関に来襲。愛宕山（門前川右岸の岡、標高一二四メートル）に退避。敵機、江田

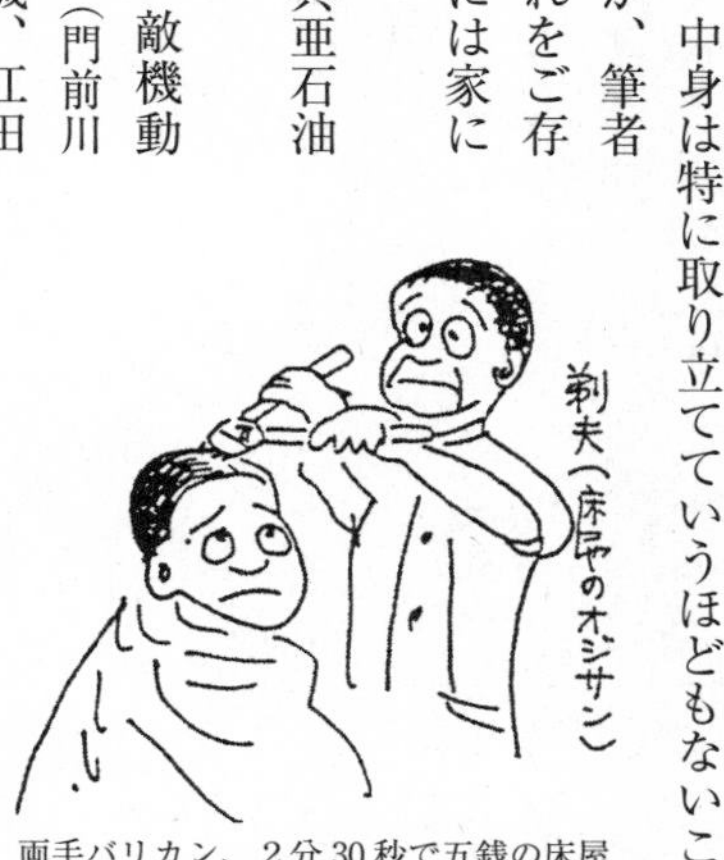

両手バリカン、２分30秒で五銭の床屋

島にも来襲。

五月一二日（土）晴時々曇：英語。大掃除、棒倒し。

五月一三日（日）晴：終日、愛宕山に退避（現地にて自習）。敵機、江田島に来襲。

五月一四日（月）晴後曇：朝食後、愛宕山に退避。物理の講義と自習。生徒隊監事が廣澤虎三の弟子を紹介、清水次郎長の一席を聴く。

五月一五日（火）雨後晴：愛宕山に退避。図学の講義。雨のため退避を止めて帰校、一〇時より課業。図学、物理、歴史（聖徳太子）。

五月一六日（水）晴：国漢（古詩、律詩、絶句）、歴史、電信。午後の一時限が電信の場合、最初は目を開けて受信しているが、そのうちにレシーバーから聞こえてくるモールス信号が子守唄のように聞こえ始め、自分では一生懸命に受信帳に書いているつもりでも、後で見るとミミズが這ったようで、何を書いたか読め

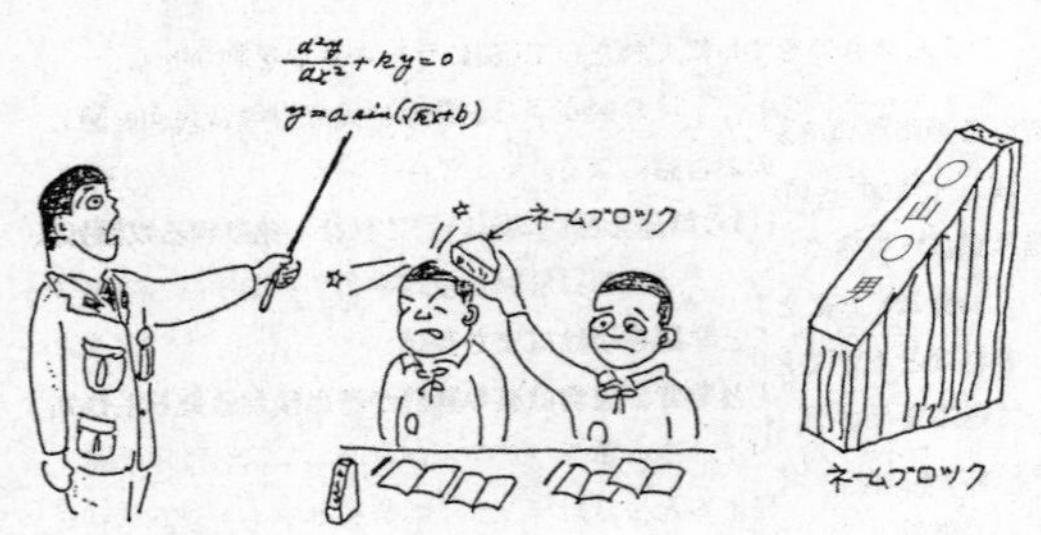

眠ったらネーム・ブロックで叩いて起こしてもらうが……

ない。昼食がカレーの場合は、特に居眠りが酷くなる。「頑張って眼を開いていなければダメだ」といくら自分にいい聞かせても、睡魔には勝てない。隣の者に「寝たらネーム・ブロックで叩いて起こしてくれ」と頼んでいても、実際に叩かれると腹が立つ。目を開けて居眠りする方法を編み出した者がいたとか。教官もよくご存じで、中には最初の五分間、居眠りさせてくれる方もあった。

目を開いたまま居眠りする法

五月一七日（木）晴時々曇：歴史。

五月一八日（金）晴：特記事項なし。

五月一九日（土）雨後曇：機構学（段車、円錐調車、逆転仕掛調帯（ちょうたい）の種類、伝動装置）。大掃除、棒倒し。


五月二〇日（日）曇：監事長より工夫と努力について訓示あり。自選体育後、外出。帰校後、乗艦実習時の携行品を準備する。黒風呂敷、ベグ、運用術教科書第一巻、軍

艦例規、艦内号令表、軍歌集、筆記用具、洗面用具、雨着、略装、略帽、靴下、チリ紙、各分隊にて靴刷毛×五、洗面器×三。

乗艦実習　五月二一日〜二三日

乗艦実習の目的は、生徒に海軍艦船の構造を教え、兵科将校の艦内勤務を見学させ、学術教育や訓練で習い覚えたことを実際の艦船で確かめ、その後にどう反映させるかを考えさせるため、少なくとも年一回実施することになっていた。

入校後、初めて一号から解放され、実施部隊なる未知の世界に行くので、ややもすれば旅行気分になるが、敵もさる者、校内では優しい教官から締められた。

五月二一日（月）曇後雨

五時：起床。

五時三〇分：朝食。

六時：生徒館前出発。一種軍装（対番の一号、中村生徒から短剣を借用）、カッターに分乗し、内火艇に曳航されて呉に向かう。

「磐手」は昭和17年に一等巡洋艦に復帰し練習艦として使用された

一〇時：呉にて練習艦「磐手」に乗艦。磐手は一九〇一年（明治三四年）、英国アームストロング社にて竣工。日露戦争当時の装甲巡洋艦で、諸元は排水量九七七三トン、二〇センチ連装砲塔二基、一五センチ単装副砲（砲郭）一四基、速度二〇・七三ノット。太平洋戦争末期は練習艦。

本書を書くまで、「磐手」は海防艦と思っていたが、調べてみると一九四二年（昭和一七年）七月、海防艦の定義見直しにより一等巡洋艦に復帰。後日、主砲を撤去、二連装一二・七センチ高角砲架二基を増備したとある。うかつにも、乗艦実習時、この高角砲に気付かなかった。しかし、よく考えてみると、弾火薬庫から揚がってきた重い砲弾をバケツリレー式に手渡した記憶がある。おそらく訓練用だったその砲弾は、真鍮製の薬莢の先に鉄製の砲弾が付いていた。口径一二・七センチまでが砲弾と薬莢が一緒で、それ以上の口径になると砲弾が重くなって取り扱いに不便なので、砲弾と発射用の装薬は別々になっていたという。それゆえ、その砲弾が一二・七センチ高角砲のものであったことは間違いない。

終戦直前のその他の兵装は、一五センチ単装副砲（砲郭）四基、八センチ単装高角砲架三基、三連装二五ミリ機銃座一基、二連装二五ミリ機銃座二基、単装二五ミリ機銃座二基、単装一三ミリ機銃座二基、速度は一二ノットとなっている。

今でも思い出すのは、乗り組みの水兵が、かなりの年配だったことである。現役で若手の水兵は練習艦以外の艦艇に配乗されていたのだろうか、あまり見かけなかった。

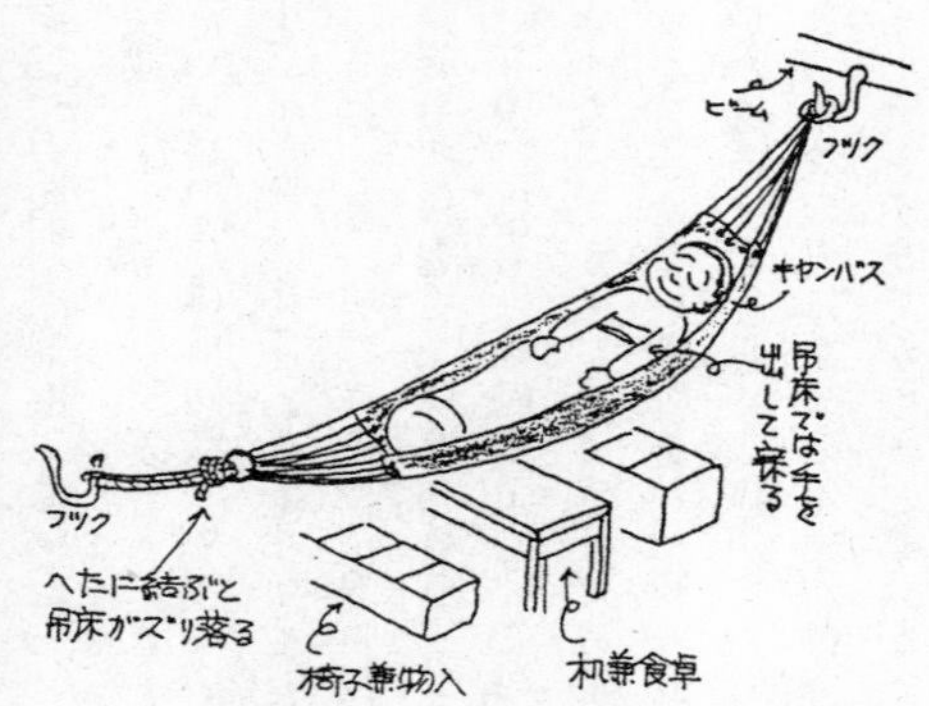

乗艦実習では吊床（ハンモック）にて就寝

「磐手」は七月二四日の空襲による損傷は軽微であったが、浸水のために呉港外（吉浦と天応の中間地点沖合）において着底し、艦齢四五年の生涯を閉じた。戦後、引き上げられて解体。

一二時：昼食。海水で研いで炊いた飯が美味。

一三時：艦長紹介、訓示（於第二生徒室）。訓示後、略装に着替える。

一三時三〇分：艦内見学。上甲板の構造物は見たままなので、特に説明の要なし。中甲板は、艦尾より艦長室、艦長公室、副長室、航海長室、士官室、士官浴室、薬室、医務科治療室、士官病室、兵員病室、酒保、烹炊所、兵員浴室、洗濯場、弾火薬庫など。下甲板には各科倉庫、缶室、機械室、人力操舵室などが、狭い艦内に巧みに配置されていた。「磐手」神社は士官室付近にあったと思う。

一七時：夕食。

一八時：吊床用意。

一九時三〇分　軍艦旗降下。軍港に日没が迫ったころ、筆者たち実習生徒は後甲板に集合し、軍艦旗降下礼式に参列するように命じられた。後甲板に集合すると、すでに非番の士官、下士官兵は集合し、マストには標時旗が半掲され、衛兵隊は、衛兵副司令の号令で後部高角砲架前から艦尾旗竿前に進み、後部艦橋には当直将校が信号兵を従えて直立していた。

「一〇秒前」で標時旗が全揚され、「時間」とともに降下。同時に当直将校は「降ろせ」と下令する。衛兵隊は一斉に捧げ銃をし、信号兵は「君が代」を吹奏する。実習生徒も挙手の礼をした。すがすがしく身の引き締まる厳粛な一瞬であった。

一九時五五分：巡検整列。

二〇時　巡検施行。

二〇時三〇分：巡検。

二一時：就寝。

五月二二日（火）雨

四時：吊床係起床。

四時四五分：生徒起床。

五時四五分：朝礼、洗面。

六時一五分：朝食。

七時：艦内編成、部署、内規説明（於第二生徒室）。

八時〜一二時：軍艦旗掲揚、艦内自由見学、昼食。

一三時：甲板見学（後艦橋）。

一三時四五分：科長説明。小テストで、砲弾などの破片飛散防止のため艦橋等の周囲に巻いた竹製の要具の名称を聞かれた。どうしても「マントレット」という用語を思い出せず、悔しい思いをした記憶あり。今にして思えば、極度の緊張の連続で集中力が低下していたのではないだろうか。

一五時三〇分：艦内旅行競技。指定場所は、旗甲板、主機械室、運用科倉庫、舵機室などなど。乗組員に聞くことは厳禁。聞いても二号のように教えてはくれない。「お答えできません。生徒はどこだと思いますか」くらいの意地悪い答えが返ってくるのが関の山。どこをどう廻ったか、まったく記憶がない。まずは、大勢の者が行く後に付いていったのであろう。

一七時一五分：夕食。

一八時～一九五〇：研究会。

二〇時：巡検施行。

二〇時三〇分：巡検。

二〇時四五分～二一時一五分：所感作成。兵学校と異なり、艦艇では巡検が終わると「煙草盆出せ」となり、就寝前の自由時間がある。所感は、この時間を利用して作成したと思われる。

五月二三日（水）晴

四時：吊床係起床。

四時四五分：生徒起床、吊床点検。ハンモックの中身がきちんと納まらず、棒状に括れない者は、グニャグニャのハンモックを担いで上甲板を一周させられた。括り方のコツは、真ん中の部分を分厚くし、一回ごと力を入れて固く締め、バナナの形に上に反るようにすれば運搬しやすくなるという。しかし、一朝一夕で上手くできるものではない。慣れないロープで指先が荒れた。

五時四五分：朝礼、体操（於後甲板）。

六時：朝食。

七時：出港用意作業見学。

七時五〇分：艦橋に集合。

八時：出港。航路は呉軍港を出てから、本土と江田島との間の海域を北上、速度約八ノット。

吊床点検時にハンモックを棒状に括れない者は担いで上甲板一周

八時一〇分：戦闘教練見学。
八時五〇分：機械室見学。
九時三〇分：溺者救助訓練見学。「人が落ちた。左舷カッター、降ろせ！」突然、スピーカーから甲板士官の号令が流れる。後檣には「O旗一旒」（人が海に落ちた）がするすると揚がり、左舷のカッターはダビットから降ろされて着水寸前である。船足が停まる。短艇要員は網を伝って素早くカッターに乗り移り、左舷後方に浮遊する三角の赤旗を付けた水樽を目がけて力走する。そして樽を回収した。
これは、練習艦隊固有の競技と聞いた。このとき、一部が乗艦した「出雲」に「磐手」が後続して、「出雲」からも同様に短艇が降ろされたと思うが、確たる記憶はない。自分の乗っている艦のことだけで精一杯だったのであろう。帰艦したカッターをダビットに吊り上げ、艦は何事もなかったかのように再び航行し始めた。そして峠島の手前で回頭して元の錨地に戻った。
一一時：昼食、昼食後一種軍装に着替える。
一二時一五分：艦長訓示。
一二時三〇分：退艦。
一五時三〇分：生徒館帰着。不思議なものである。住めば都、鬼が住むといわれる生徒館に帰着し、一安心とは。西日本では、五月下旬ともなれば少し動いただけでも汗ばむ季節であるが、乗艦実習中バスには入れなかったので、おそらく一段落した時点で、大急ぎで三日ぶりにバスに入ったと思われる。

五月二四日（木）快晴：物理（収差）、海洋学（潮汐）。

五月二五日（金）晴：五時起床。毛布搬出。化学、数学、電信。化学の補修教育あり。小テストの成績不良者には、担当教官から伍長を通じ、自習時間の前半に指定された講堂で特別教育に参加せよとの連絡がくる。自習時間の後半が始まる直前に自習室に帰るように時間を調節すれば、中休みにお達しや修正があっても、逃れることができたという。軍隊では、すべからく「要領を本分とすべし」。

五月二六日（土）晴：化学。大掃除、棒倒し。

五月二七日（日）晴：海軍記念日。分隊対抗体技競技大会と野球の試合。竹山分隊監事が、当時婆婆では禁制であった「ストライク！」「ボール！」と英語で審判。競技種目は一〇〇メートル、二〇〇メートル、四〇〇メートル、一〇〇〇メートル、二〇〇〇メートル継走、四〇〇〇メートル、百足継走、倒立継走、綱引き、教官対抗四〇〇メートル継走、各科教官対抗継走、教官二人三脚、騎馬戦。隣の二一一分隊が優勝。

この日の体技競技実施法案（実施要領）が、五月二二日付岩国監事長通達生第二八号で出されているので、参考までに巻末に添付する。

この頃、プールで游泳検定あり。ほとんどの者が五級（白帽黒線なし）か、六級（赤帽）であった。筆者は六級をもらった。

陸戦特別訓練　五月二八日～六月七日

五月二八日（月）快晴：午前座学。当時、攻撃は肉薄攻撃が主体。その成否は、一に斥候の敵情と地形の十分な探索による。午後実地訓練。従来、陸戦は横須賀砲術学校の余技として指導されていたが、開戦直前、時代の要求に応じ、同砲術学校から陸戦部門と陸上対空射撃部門を分離し、千葉県館山市に館山砲術学校（通称「館砲」）として独立した。

館砲の陸戦科の教官、教員は陸軍歩兵学校に派遣され、徹底的に陸軍式野戦術を研修してきた猛者であった。館砲で開かれた特別講習に岩国分校からも教官兼分隊監事クラスの士官を派遣し、同士官が学んできたことに重点を置いて、生徒の訓練が行なわれた。陸戦は「海軍陸戦教範」に準拠したが、その内容は完全に陸軍の「歩兵操典」のデッドコピーであったと戦後に知った。

五月二九日（火）曇：哨兵の動作は、斥候と同様に重要。哨兵を選ぶにあたっては、その人物を知って選ぶこと。

五月三〇日（水）晴：組戦闘は分隊下士官（陸軍の分隊長）の下、組員の団結、各組間の連絡が重要。匍匐は接近戦闘に最も重要。

海軍首脳部の人事異動：豊田副武大将→軍令部総長、小沢治三郎中将→連合艦隊司令長官兼海軍総隊司令長官、及川古志郎大将→軍事参議官。

五月三一日（木）晴：狙撃組、軽機銃組の動作。

全般：教官夫人手作りの梅干しとじゃがいもが食卓を賑わしたというが、記憶なし。

六月一日（金）晴後曇：二時～四時限、愛宕山に退避。挺身奇襲攻撃、夕食持参で飛行場周辺にて実施。

蚊帳始め。酷暑日課の期間には、ベッドの四隅の脚に開いている丸い穴に長さ一・五メートルくらいのスタンションと呼ばれる鉄の丸棒を四本立て、ベッドサイズの緑色の蚊帳を吊った。起床時に蚊帳をどのように畳み、どこに置いたか記憶なし。

六月二日（土）雨後曇：対戦車肉薄攻撃。

六月三日（日）晴：対戦車肉薄攻撃。

六月四日（月）曇：化学戦。

六月五日（火）晴：組単位による昼間と夜間の訓練を開始。

六月六日（水）晴後曇：飛行場の端に駐機した一式陸攻の傍を通って出発地点に行く。組単位による匍匐前進、タコ壺（一人用の塹壕）を掘って待機。夜間の連絡や前進方向の維持はきわめて困難なことを体験。

六月七日（木）曇後晴：明け方状況中止。食堂で冷めた雑炊を食べ、午前就寝。一一時四〇分、愛宕山に退避。午後、チフス予防注射、自選作業、洗濯。

久賀（くか）に疎開

六月八日（金）晴：久賀に疎開するにあたり、生徒隊監事の訓示あり。

この件は、いつ、どこで、どのようにして決められたのであろうか。『久賀小学校百年史』（注：当時、小学校は「国民学校」に改編されていたが、戦後間もなく「小学校」に再改編されたので、本書では「小学校」を用いる）の中に、それを示す興味深い次の記述がある。

「昭和二〇年六月一日

太平洋戦争愈々最後の段階に達するとき、突如海軍兵学校岩国分校本町へ疎開、本校校舎を全面的に使用することを通達して来た。為に左記のとおり非常措置をとり、教室を分散し、授業を継続することになる」

とあって、農業会階上を職員室とし、寺院、神社、公会堂、隣保館、選果場、町では唯一の娯楽の殿堂で芝居や映画を上演していた寿座など一七箇所に教室を設け、初等科と高等科の生徒約一二〇〇名を分散して収容、低学年は二部授業も行なっている。各クラスの人数、場所、担任教師名などの記録もある。

県立久賀高等女学校にも同様の通達があり、在校生約三五〇名について、必要な対策がとられたものと思われる。なお、小学校と女学校の敷地の間にあった田圃は埋め立てて通行も自由になり、筆者たちが久賀に到着したとき、小学校の運動場にはすでに三角兵舎（半地下式の木造地下壕で、地上では三角形の屋根しか見えず、上空からの発見が困難になるように樹木の枝やタールを塗って偽装した）のバスが造られていた。周防大島町の資料に「まず施設隊が来町して準備に当たり」とあるので、呉海軍工廠施設部が工事をしたのであろう。

六月一一日には、早くも二部の奇数分隊が久賀に疎開している。それゆえ、疎開通達から小学校と女学校の校舎や関連施設の明け渡しまでに、一〇日足らずの期間しかなかったことがうかがえる。久賀小学校百年史によれば、「大工などを動員して数日で（校舎に）大改造を行ない、沢山の荷物が搬入された。町内の大きな空き家などに教官が宿泊した。兵学校の生徒が往来して、戦時下の町の空気は一変した」という記述がある。いずれにしても、人口六二〇〇の町に千数百名もの兵学校関係者が疎開し、人口が二割あまり急増したのであるから、町の人々にとって、いろいろな面で大変なことであったのは想像に難くない。

うかつにも、最近まで小学校と女学校はともに戦争で閉鎖されていたと思っていたが、前述のとおり、生徒や女学生は寺院、神社や公会堂などに分散して授業をしていたことが分かった。資料の中に「久賀の住民からは冷ややかな感じを受け取った。海岸への往復

岩国分校ならびに屋代島久賀町（当時）周辺

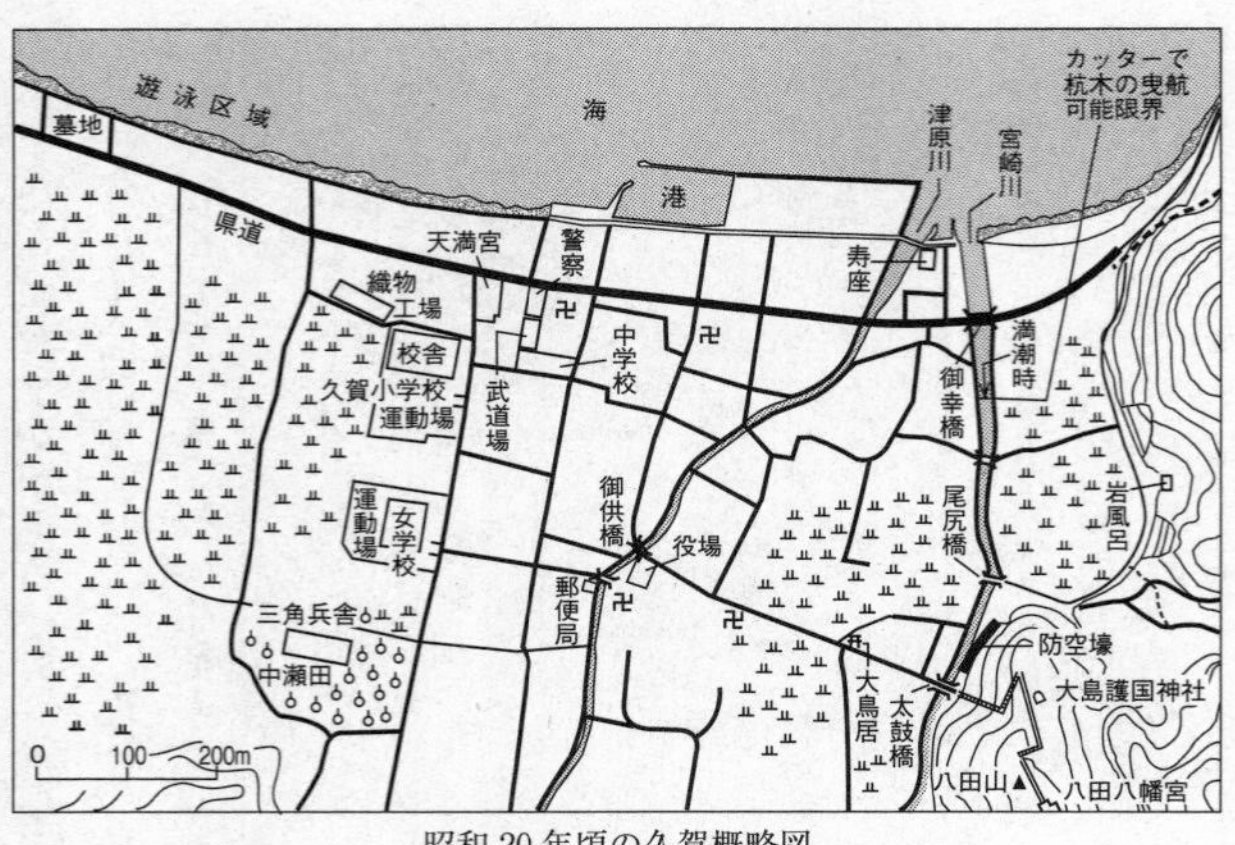

昭和20年頃の久賀概略図

や訓練中にも住民の笑顔は見られなかった」という記述もある。当時、筆者たちは、久賀の住民に迷惑をかけているとは夢にも思っていなかったが、戦時の否でも応でも軍の要請は引き受けざるを得ないご時世ではあるが、米軍の空襲が激化し、本土上陸が時間の問題であったあの切迫した時期に、軍事施設が自分の土地にできることを喜んだ人がいなかったことは容易に理解できる。慙愧に絶えず、心から不明をお詫びする次第である。

この点が気になったので、久賀在住の古老、大村繁氏にお尋ねすると、

「私は当時小学校六年生でしたので指示されるままに分散授業を受けました。男子は『寿屋』という劇場が仮の教室で、私の場

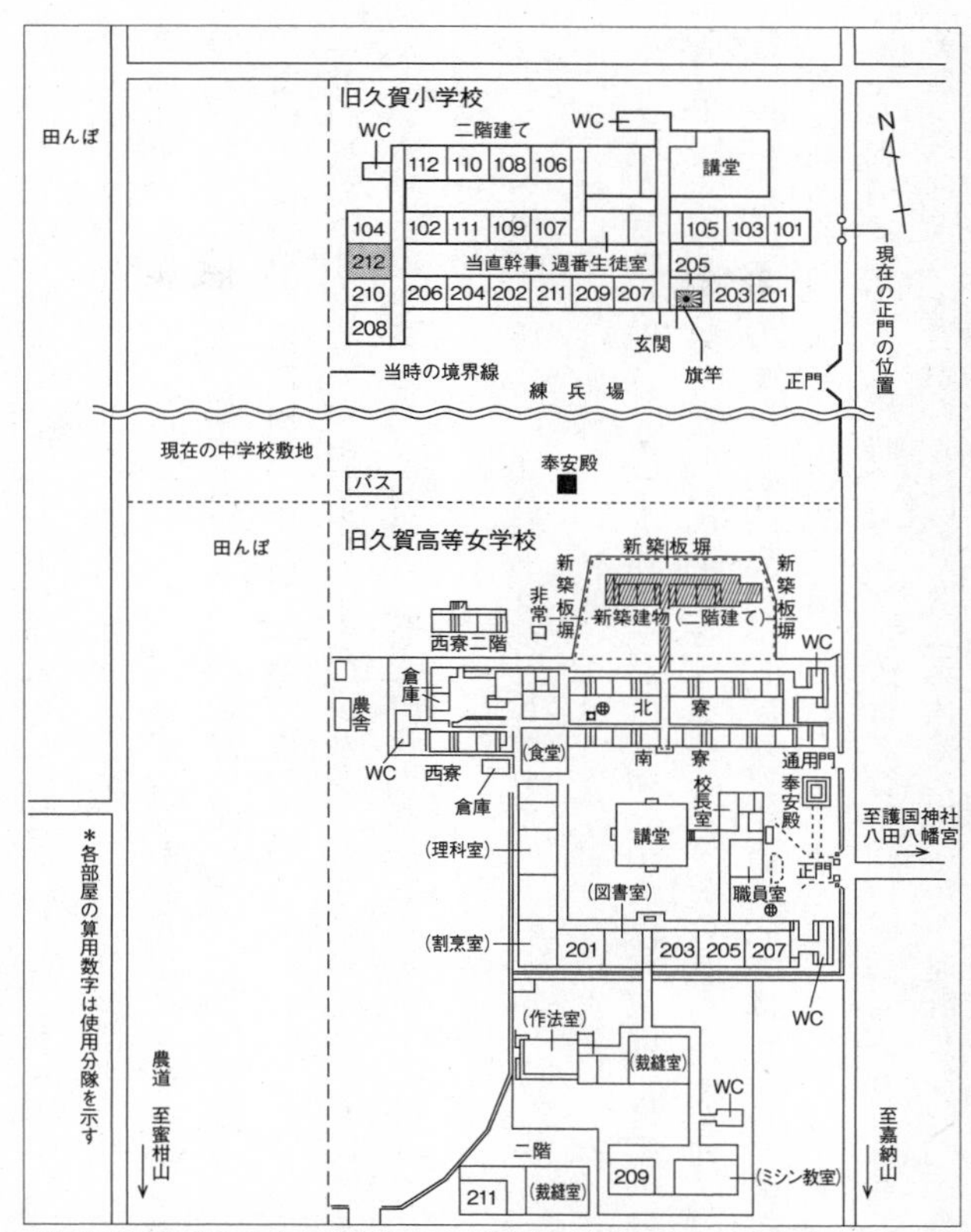

岩国分校が疎開した久賀小学校（国民学校）と県立久賀女学校。分校構内の各施設位置は平成 10 年に有志の記憶に基づいて作図。浴室、床屋その他細部の位置については諸説あり。（『続・江田島讃歌抄』より）

合通学距離は二倍になりましたが、今思うと不便ではあったが、懐かしい思い出です。急変した久賀の町でしたが、当時の国民は皆お国のためには何でも協力するのが当たり前（止むを得ない）と思っていたのではないでしょうか。冷ややかな目（声）があったとしても、ごく一部の人たちだったと思います」

とのご返事をいただいた。また、後便では、

「港の近くに住んでいた小学校二年生の少女が、兵学校の生徒さんによく可愛がられたという話も聞きました。案外、久賀の町民から親しみをもたれていたのではないでしょうか」

とあったので、暗かった気持ちが少しは晴れた。

ここで久賀の地誌についても述べておきたい。山口県南東部、岩国のほぼ南約二五キロ、大畠瀬戸を隔てて瀬戸内海に浮かぶ金魚のような形をした屋代島（周防大島）は、面積一三八平方キロ、淡路島、小豆島に次ぐ瀬戸内では三番目に大きな島である。久賀は島の北側にあり、広島湾に面している。今日では、大島大橋を渡って車やバスの便を利用できるが、当時、岩国から久賀に行くには、山陽本線で柳井の二つ手前の大畠まで行き、そこから久賀までは太陽運輸の連絡船が運航していた。当時の行政区

西から撮影した久賀小学校旧校舎。現在は改築されている

画は、山口県大島郡久賀町（現在は周防大島町大字久賀）である。漁業、稲作、蜜柑の栽培が盛んで、町花は蜜柑の花である。かつては海外移住、特にハワイ移住が盛んであった。砂糖黍栽培に力を入れたハワイ側が労働力を求め、一八八五年（明治一八年）から一〇年間に山口県からは約一万名が官約移住（ハワイ政府と日本政府が結んだ契約に基づく移住）しているが、そのうちの四割が大島郡出身者である。その関係もあってか、周防大島は、ハワイ州・カウアイ島と姉妹島縁組を締結している。

疎開した当初と思われるが、「大きなエビカニが、鋏を振り上げて道路を歩いているのを見かけ、長閑さと平和を感じた」という記述もあるが、七月も半ばを過ぎると、呉に近いせいか、疎開先の久賀も安住の地ではなくなり、しばしば艦載機が飛来し、銃爆撃も受けることになる。

現在の久賀小学校の位置は当時と変わらないが、女学校の跡は周防大島高校久賀校舎になっている。

さて、当時の戦況を振り返ってみると、三月一一日、鹿屋を発進した菊水部隊梓（あずさ）特攻隊の「銀河」一三機は、長駆西カロリン・ウルシー泊地の敵機動部隊を攻撃したが、到着が遅れたため空母一隻を大破したのみで戦果は上がらず。敵機動部隊は三月一九～二〇日、呉を始めとする西日本の軍事施設や造船所を猛爆したが、特攻機を含む日本軍の反撃を受けて多大の損傷をこうむった。そして翌二一日、ウルシーに向けて帰投中、第一神風桜花特攻隊の一式陸攻一八機が好機到来とばかり追撃を試みたが、敵情の過小評価により猛反撃を受けて全滅。

三月二六日、硫黄島が陥落。これにより米軍はマリアナ諸島と日本本土の中間点にB‐29の緊急着陸飛行場を確保し、同時にB‐29の護衛戦闘機を付けることも可能となる。四月一日、遂に沖縄に上陸した米軍は、直ちに飛行場を占領、沖縄戦を有利に展開し始めた。そして前述のごとく、五月五日には、B‐29が大挙して広海軍工廠を空襲、六日には江田内に機雷投下、一〇日には岩国の陸燃などを相次いで空襲している。

食堂に使った小学校旧講堂（101分隊、故・野上典則君撮影）

　このような状況下において、岩国航空隊に対する大規模な空襲も時間の問題と考えられていたのであろう。「一九四五年に入ってから航空隊に対する空襲は激しく、生徒館のガラスなどが爆風で割れた」「生徒館も何回か機銃掃射を受ける。休み時間中にいきなり空襲で、一号がそれぞれ三号を指示して、建物の基礎に沿って伏せさせた。そのとたん、目の前に土煙が走った」という記述もある。おそらく三月一九日のことであろう。もし、筆者たちがその後も岩国にいたならば空襲に巻き込まれ、かなりの人的被害をこうむったものと思われる。

　岩国市は四五年三月から敗戦までに九回にわたり空襲を受け、千数百名が死亡。最大の空襲は、終戦前日の八月一四日正午少し前、約一〇〇機のB‐29が岩国駅付近の密集した市街地に、三〇分間にわたり三〇〇〇発の爆弾による絨毯爆撃を実施し、無数の直径五～三〇メートル、深さ五～一〇メートルの爆弾穴が開き、市街地は壊滅した。岩国市史によれば死者五一七名とあるが、実際は一〇〇〇名を超えていたのではないか、とのことである。

　敗戦後帰休の途上、岩国駅を通過したある生徒は、

「駅を通過するのに大分時間がかかった。あっちの線路、こっちの線路と渡り歩いているように列車が揺れた。水飴のように曲がったレール。ホームとレールの間に、直

径数メートルの爆弾の穴が点在していて、八月初旬の空襲の凄まじさを物語っていた。生徒を久賀に疎開させたのは正解であったと思う」「久賀に疎開を決断された兵学校当局の英断に感謝」と述べている。

これらの記述から、空襲直後の岩国航空隊からほど近い市街地の状況は、凄惨を極めたものであったことがうかがえる。航空隊内にある分校を久賀に疎開したことは、激しくなると予測された空襲から生徒を守った監事長の英断といえるのではないか。


六月九日（土）晴：大掃除、木材運搬。久賀に疎開準備。

久賀には二部が先に疎開し、二週間後に現地の態勢が整ってから一部が疎開した。一部はその残留期間、従来どおりの課業と、一部と二部の間にある「エ」の字型建物（物品格納所、厠、洗面所、閲覧室）の取り壊し作業にあたった。

六月一〇日（日）晴：二部奇数分隊、久賀疎開のため荷物搬出。

六月一一日（月）晴：二部奇数分隊、久賀に疎開（偶数分隊は奇数分隊にカッターを貸し出す。両分隊のカッターは午後岩国に回航）。偶数分隊、起床後ベッド、被服、共用物品を搬出（水上隊が久賀に運搬）。ベッドを搬出したこの日の夜は、養浩館に宿泊。

六月一二日（火）曇後雨：二部偶数分隊、久賀に疎開。四時三〇分起床、直ちに朝

食。五時三〇分疎開作業を開始し、私有品と共用物品の残りを搬出。七時三〇分生徒館中央入口前に集合、機密図書を携行。服装は略装、軍帽剣帯着用（除く三号）。内火艇が曳航する二一一分隊と二一二分隊のカッターに分乗し、一路南下。一〇時三〇分久賀着。郷里三田尻（防府市の南側）に似た瀬戸内海沿岸の鄙びた街並みを通って小学校に向かう。そよ風が運んでくる娑婆の空気が、ふと郷愁を誘った。小学校では、すでに寝室として使用する教室が各分隊に割り当てられていた。

　二一二分隊の寝室は、西側にある四つの教室の北から二番目で、すでにベッドは搬入済み。寝室が狭いので、ベッドの四本の脚柱に三センチ×九センチ×一・八メートルほどの木材を三寸釘で打ち付けて二段ベッドを作製し、ベッドの下の棚は下段に集めた。ベッドの上段と下段は三号同士で使った。筆者は下段を使った記憶がある。上段は誰が使ったか、今となっては思い出せない。兵学校のあの重いベッド四〇数台を教室に入れ、よくも床が抜けなかったと感心

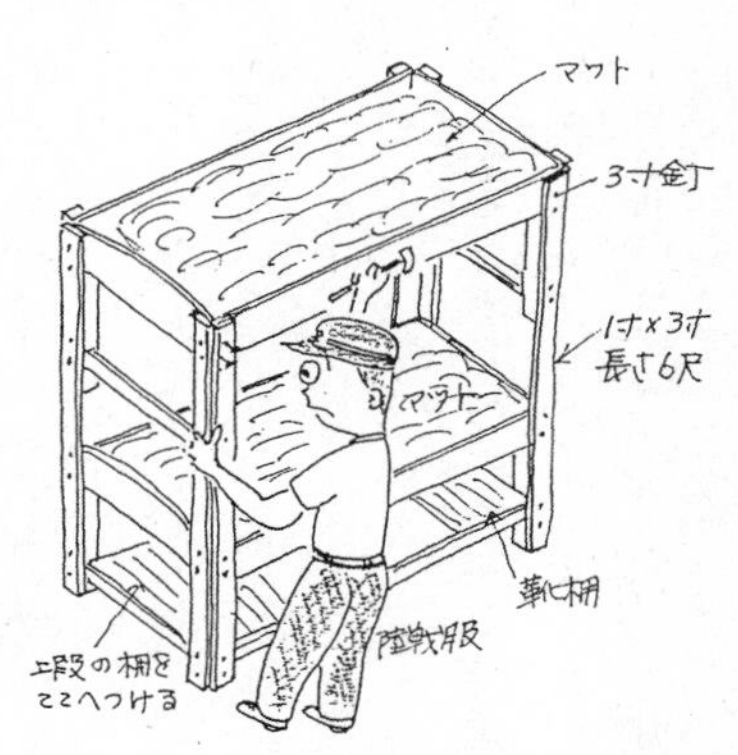

2台のベッドを角材で打ち付けた二段ベッド

する。これで起床動作はできなくなり、一号の叱声も「いそげ!」から「怪我をするな!」に変わった。

教室の前の廊下は土間で、屋根は下屋になっていた。その下にチェストを並べ、二人で共用したというクラスメートがいるが、その記憶がない。しかし、前出の『久賀小学校百年史』には、兵学校が解散して引き継いだ什器の中に戸棚とあるので、チェストはあったと考えるのが妥当である。

小学校には寝室の外、当直監事室、週番生徒室などが整備された。また、一番北側の校舎は二階建てであることが分かった。自習室にはアーム・ラックがなかったので、ここを銃器庫や倉庫にしたのではないだろうか。正面玄関向かって右側には、国旗掲揚のポールが立っていた。

問題は、自習室と講堂(教室)である。二部では六月一一日に先着した二〇一、二〇三、二〇五、二〇七の奇数四個分隊が女学校の教室を自習室として使ったという資料があるので、この四個分隊が本科の四教室を、残りの二〇九と二一一の二個分隊が、家政科の二教室を使ったものと思われる。では、筆者たち一二日に到着した偶数分隊は、どの教室を使ったのであろうか。

残念ながら、往時茫々、筆者には全然記憶がないし、また資料もない。考えられることは、自習室や講堂に使えそうな部屋は、作法、割烹、理科教室と食堂が各一箇所、裁縫教室が二箇所と寄宿舎（北、南、西寮）の二四室、それと一九四二年に建設された二階建て八室の新寮がある。寄宿舎は相当大きな木造二階建てで、それを病室として使用したという記述に当てはまるのが西寮とこの新寮である。これらの室をその場所、広さ、用途に応じて、適宜自習室と講堂に使用したのではないだろうか。自習室では靴を脱いだという記述もあり、どの教室のことか不明であるが、作法教室かもしれない。後から疎開してきた一部は、蜜柑山（女学校の裏手にある中瀬田地区の蜜柑畑の斜面を「蜜柑山」と呼んだ）に三角兵舎を建築して、自習室に使ったという資料がある。

日課を見ると、一部と二部が交代で課業と防空壕の構築をしていたので、講堂は二四個教班の半分、すなわち一二教室あれば事足りたわけである。

前出の大村氏によれば、土地の古老の話では、中瀬田地区の三角兵舎の一つが無線通信をしていた

「蜜柑山」の斜面に建築した三角兵舎の自習室と107分隊一号生徒総員（107分隊付教官、故・男澤恭郎中尉撮影）

とのことなので、そこが通信講堂だったのかもしれない。また、三角兵舎の講堂で機構学を学んだ記憶があるというクラスメートもいる。しかし、筆者たち二部は三角兵舎を建築した記憶がない。とすれば、講堂に使われた三角兵舎は、呉工廠の施設部か、定員隊（兵学校を運営するために必要な裏方業務をこなし、監事長の直接の指揮下にある隊）が建築したのであろう。

講堂には、主として寄宿舎（北寮、南寮）と新寮を使ったのではないだろうか。その理由は、筆者が八月六日朝、広島に原爆が投下され、轟音とともに衝撃波で建物が強震のように揺れ、窓ガラスが猛烈に振動したことを体験したのは女学校である（三角兵舎ではなかった）。寄宿舎は、その並びの向きが東西である。言い換えれば、北から見たときに、その正面面積が最大になる。広島は久賀の北北東にあたるので、衝撃波をまともに受けたと考えられる。また、女学校の建物の中心にある校長室、職員室、講堂などが、幹事長室、生徒隊、部、分隊監事や教官の事務室として使われたのではないだろうか。

食堂は小学校の講堂を使ったが、烹炊員がいなく、食事はバッカン（配食缶）で受け取り、三号が配食した。艦船と同様、「食卓番手を洗え」「総員手を洗え」の号令があったというが、これも記憶にない。檀上が教官席。テーブル、椅子、食器類は、すべて岩国から搬入したとのことである。狭い所に総員を詰め込んで同時に食事をしたという説と、一部と二部で時間をずらしたという説があるが、今となっては真偽不明である。敗戦後、帰休が始まった日の前夜、生徒総員による最後の夕食は教官と生徒の汁粉会食とあるので、やはり総員が同時に食事をしたのではないだろうか。夏場の高温多湿、狭い場所に大勢の生徒を詰め込んだうえ、略装の上着を脱ぐことはご法度なので、文字どおり全身から玉の汗が吹き出し、着衣を濡らした記憶がある。

戦後、屋代島を訪れた元生徒が、当時は女学生だった婦人から「食事どき、兵学校のほうから美味しそうな匂いが漂ってきて、とても羨ましかった」と聞いたと話している。久賀のような田舎でも、娑婆の食糧事情は良くなかったらしい。大村氏によると、ほとんどの家庭では米を節約するため、朝食と夕食は茶粥が主食。茶粥の中にさつま芋、小麦粉の団子、そら豆などを入れ、腹を満たした。昼食は、家から学校や職場までが遠い者は弁当（麦飯、竹輪、梅干し、野菜。卵は入手困難）持参、近くの者は食べに帰っていたそうである。兵学校では脚気（かっけ）予防のために麦飯であったが、三度の食事に事欠くこともなく、生徒がいかに恵まれていたかということが分かる。

遊泳訓練やカッターの手入れなどで海岸に行く道は、小学校の正門を出て六〇メートルほど左に向かい、左折して織物工場沿いの道を二〇〇メートルも行くと他の道と

T字に交差する。ここで右折して七〇メートルあまりで交差する県道（現在は町道）を渡り、さらに七〇メートルほど民家の並びを通っていくと、土地と砂浜の境になる石垣がある。砂浜に降りるには、隣り合わせに重なった民家の軒下を、身体を屈めて通って、石段を数段下りた。夏で窓が開け放たれていたので、家の中を見ないように急ぎ足で通った。ときどき赤ん坊の泣き声が聞こえたり、朝餉の味噌汁の匂いが漂ってきたりして、娑婆の生活が感じられた。遊泳をした場所は、砂浜に下りた所から約二〇〇メートル西側だったと思われる。海から上がるとき、前方やや右手に墓地が見えた。この墓地は現在も同じ所にある。

小学校の講堂には大正末期にハワイ移民が寄贈したというグランドピアノがあり、ある日、生徒がピアノを弾くのを鑑賞した記憶はあるが、曲目は覚えていない、と月刊誌『丸』の二〇一四年八月号に書いたところ、それを読んだ東京出身のクラスメートの高橋良和（二〇三）から、ピアノを弾いたのは二〇二分隊の三号朝広保夫で、曲目はトルコ行進曲だった。この曲を聴くたびに久賀の生活を思い出すと知らせてくれた。やはり都会育ちはどこか違うと感心した次第である。

本校では、五月に防空壕の構築が始まったころ、生徒隊付監事から「生徒の情操が荒れるのを防ぐため、昼食時にクラシック音楽のレコードを流すように」との指示で、生徒隊軍歌係主任が選曲したものを流したという話を戦後に聞いた。生活環境の劣化や防空壕の構築などで、生徒の情操が荒れないようにとの兵学校当局の配慮であろう。

厠は、水洗式から汲取り式に変わった。環境はすべてガタ落ち。また、疎開して暫く経ってから、蚤（のみ）に悩まされた。痒いので朝起きてみると、寝間着のミシンの縫い目に、血を吸って丸々と太ったヤツが、無数に頭を突っ込んでいる。力一杯振るっても、なかなか落ちない。蚤取り粉くらいでは、退治できなかったのではないか。しかし、煮沸消毒した記憶はない。今度は本当に「島流し」を感じる。

大村氏によれば、当時、民家にも蚤は沢山いたそうである。生活環境が不衛生になったにもかかわらず、他の分校のように、赤痢などの伝染病が発生しなかったのは幸いであった。

環境整備　六月一三日～七月一〇日

六月一三日（水）雨：六時起床、六時三〇分朝食後、雨の中を素足で桟橋に行き、運貨艇（大発（だいはつ）、上陸用舟艇のこと。標準的な仕様は、木製、全長約一六メートル、舟幅約四メートル、全高約二メートル、喫水約一メートル、乾舷＝中央部にて約〇・五メートル、速度六～一〇ノット、収容力一〇～一五トン、乗組員五～七名）から荷揚げ。沖縄海軍部隊玉砕、沖縄戦も終盤に近づく。

栈橋に行く道は、正門を出て左に向かい、そのまま約一五〇メートル直進すると、前述の県道と交差し、その右角に天満宮がある。ここで右折して警察署と寺院を右手に見ながら二〇〇メートルほど行く。三つ目の角で左折して一〇〇メートル足らずで栈橋に到着する。

六月一四日（木）曇：五時起床後、一五分体操。六時三〇分朝食。七時三〇～四〇分定時点検。七時四五～一一時三〇分荷揚げと土木作業。一二時昼食。一二時四五分～一四時午睡。酷暑日課になってから、昼食後に一時間一五分は「午睡」ができた。まさに「三食、昼寝付き」である。一四時二〇分課業整列後、海岸から土砂を運搬、防火桶（おけ）の埋没整備。

六月一五日（金）雨：五時起床後、護国神社に参拝、軍歌演習。帰校後日課手入れ、朝食。午前、溝の構築、清掃。午後、校内の美化作業と荷揚げ、偽装用の材木伐採。バスのある三角兵舎に南瓜（かぼちゃ）を這わせて偽装する。当初、小学校と女学校の敷地が隣接し、その境界が溝になっていたとばかり思っていたが、両者の間に田圃があったことが分かった。とすれば、この溝はバスの湯の排水溝だったのではないかと思われる。

護国神社に行くには、正門を出て小学校と女学校の敷地沿いに山手に向かうと、二〇〇メートルも行けば女学校の正門である。ここで直角に左折して約二〇〇メートル直進し、郵便局の前を左に曲がって津原川沿いに約五〇メートル下り、右折して御供（ごくう）橋を渡る。二五〇メートルほど行くと大鳥居がある。この鳥居の一二〇メートル先に宮崎川に架かった太鼓橋があり、橋を渡ると護国神社と八田（やあた）八幡宮（はちまんぐう）の参道入口になる。正面と左折する石段を上り、鋭角に右折する平坦な山道を三〇メートルあまり行けば、護国神社は山道の左手側にある。ここからさらに五〇メートル先で右折する石段を上がってなだらかな山道を七〇メートルも行くと、そのつきあたりが八田八幡宮である。この山が、空襲時に退避した八田山（やあたやま）である。筆者たちは当時、八幡宮があるので、「八田山」のことを「八幡山」とばかり思っていた。

六月一六日（土）曇：起床後、直ちに海岸に行き、砂浜に並べたカッターの淦汲み。午前厠作業。午後、溝掘り。

六月一七日（日）曇：地引網。漁船二艘が沖合で左右に別れ、魚を集める袋網を海中に張る。終わったところで浜辺に向かいながら逃道を塞ぐ両側の袖網も張り、引綱を浜辺にいる引手に渡す。引手は二手に別れてそれぞれの引綱を引き、魚の入った網を浜に引き上げて魚を捕らえる。結構重労働で、一網引くのに二時間近くかかった。

おそらく地元の漁業組合や漁師の協力があったものと思われる。

獲れた魚が生徒の副食になったというが、どんな副食物が食卓を賑わしたのか記憶にない。鯔（ぼら）、黒鯛（チヌ）などの大きな魚や、ギザミ、コチ、カニ、鰯などの雑魚が網一杯獲れたが、大きさも違うし、料理の方法も違う。これを約千名の生徒に食べさせるのは、一苦労であろう。兵学校では生ものは食べさせなかったので、唐揚げや南蛮漬けなども考えられるが、結局、ブイヤベースのようなスープ料理になったのではないか。クラスメートに聞いたがはっきりしない。団体生活であるから、寝ることと食べることは楽しみであったに違いないが、食べ物に関する記憶が極端に少ないのは、三号に共通なことかもしれない。

余談であるが、多くの人がブイヤベースを高級料理と思っているが、元々、漁師がいい魚を売って、残った雑魚でスープを作ったことから始まった料理だとは、本場、南フランスの港町モンペリエのレストランで聞いた話である。

一四時二〇分～一六時、散歩許可。服装は略装、略帽。商家、民家への立入り禁止。

六月一八日（月）曇：午前、道路の構築。土砂を「もっこ」を担いで運搬。午睡後、小豆を荷揚げする。主計長が北海道に行って、大量の小豆を仕入れてきたと聞く。後日、この小豆で作った汁粉が教官と生徒総員による最後の会食に出された。

六月一九日（火）晴：午前、大掃除後、銃器手入れ。午睡後、荷揚げ。その後、八田山まで防空壕構築用の坑木運搬。

六月二〇日（水）快晴：起床後、直ちに海岸に行き砂浜に並べたカッターの手入れ。午前、整地と溝の清掃。午後、荷揚げ。

六月二一日（木）快晴：午前、防水と迷彩のため三角兵舎の屋根にタールを塗る。午後、荷揚げ。この後も頻繁に桟橋に行き、岩国から運荷艇で運んできた食糧を荷揚げしてトラックに積み替えた。ガーゼに包んだ冷凍大ヒラメ（約一・五メートル四方の分厚い肉塊。適当な大きさの唐揚げにして出された）を数回荷揚げした記憶はあるが、野菜類を荷揚げした記憶はない。「食事には、その日畠で採れたものが朝昼晩と続けて出てくるのには参った」という記述があるので、現地調達していたのであろう。大村氏によれば、町役場を通じて農家に呼び掛けたのではないかとのことである。野菜不足になって、非農家に不満があったかもしれないが、結果的には二ヵ月で終わったので、あまり表面化しなかったのであろう。

六月二二日（金）晴後曇：朝食時、当直監事から坑木運搬時の危害予防について注意あり。午前、坑木の運搬。この作業中、空襲警報発令。他分隊では桟橋に行き、カッターで坑木の筏を曳航して八田山付近まで運んだこともあったらしい。筏で宮崎川を遡行すれば、満潮時には御幸橋の下を通り抜けて、河口から約二〇〇メートル（現警察署よりも五〇メートル上流。太鼓橋の三五〇メートル手前）まで行けるとのことである。午後、荷揚げ、校内の美化作業。米艦載機一八〇機、呉を空襲、呉海軍工廠の被害甚大。

六月二三日（土）曇後雨：午前、校内の美化作業。午後、荷揚げ、廃材運搬。一九時、監事長から「移転作業も総員の手で見違えるように進捗していることは喜ばしい。非常に多忙で考える余裕がなく、命令されるだけで受動的になっているが、この逼迫した戦局において、一歩外に出れば受動的に留まることは許されない。自主的に物事を考え、寸暇をも活用し、主動的に物事をするように努力せよ」との訓示あり。沖縄の組織戦闘終了。

六月二四日（日）曇時々晴：七時三〇分～八時、勅諭奉読後、一一時まで自習。午後、外出。といっても、行く所も見るものもなし。

夕食時、当直監事から本日、帰校点検に遅れた者があったのは誠に遺憾。明日から

防空壕掘り

一部も久賀に疎開してくるので、彼らを引っ張っていく気概を持って日々の生活を送るようにとの注意あり。

六月二五日（月）晴：午前、草取りと整地作業。一〇時、一部奇数分隊久賀着、荷揚げの支援。午後も引き続き荷揚げの支援。空襲警報発令。

六月二六日（火）曇：六時、朝食。七時四五分、定時点検。八時～一〇時、八田山から土砂を運搬、道路を補修。一部偶数分隊、久賀着。荷揚げの支援。岩国分校の久賀移転完了。岩国分校が久賀に疎開した公式な日付は、この日になっている。この日以降、一部は寝室の改造、仮設自習室（三角兵舎）を蜜柑山に建築、防空壕の構築等、環境整備を実施。

一一時三〇分、昼食。午後海岸より土砂を運搬。生徒隊監事から「献身的態度で日々を過ごせ。衣食住は全面的に切り替えを要す。簡易生活により敏速性を欠かすな。将校生徒として節度ある行動をとれ。元気明朗、逞しく生徒生活に邁進せよ」との訓示あり。吉田房一少佐、楢

防空壕構築を揶揄して「穴掘りス（アナポリス）海軍兵学校」といったクラスメートもいたという…

村忠雄少佐、妹尾知名大尉退庁、実施部隊へ転出。戦局がますます逼迫したことを感じる。

六月二七日（水）雨後曇：午前、砂浜に引き上げたカッターを偽装。午後自習室の整理整頓。

六月二八日（木）晴：課業始めに食堂に集合。八田山の防空壕構築に関し、掘削工具の準備、土質の調査（火成岩、変成岩、水成岩。断層は不可）、地下水の水位、掘削方向、掘削土砂の捨て場所、鶴嘴の先端の形状に関する注意事項、矢板の土壁との密着度、火薬使用時には木の棒使用の励行などについて講義あり。午後八田山に防空壕の構築を開始。大村氏のお話しや資料などから、防空壕は、宮崎川に沿って太鼓橋から川下の尾尻橋に向け約一〇〇メートル、八田山の斜面を利用して構築する計画だったのではないかと推量される。

当時、筆者たちが防空壕を構築していたのを「穴掘りス（アナポリス）海軍兵学校」と揶揄したクラスメートがいたことを最近になって知った。あの逼迫した時期に、笑いを忘れない彼のユーモアのセンスには脱帽する。構築作業に役立った思いがけぬ援軍は「ネコ」であった。といっても、小動物の猫ではない。全木製の一輪手押し車、「ネコ車」のことである。それでも、もっこよりはマシであった。遅々として進まぬ防空壕の構築作業に飽き足らず、誰いうとなく、作業の機械化という言葉が聞かれたのも、この頃であったと思う。

六月二九日（金）雨：午前防空壕の構築。昼食後、当直監事から作業態度、作業中において敬礼をする時間、午睡、水の使用方法などについて注意あり。午後二手に分かれて荷揚げと大掃除。

六月三〇日（土）曇後雨：午前、地引網。午後、外出。

七月一日（日）曇時々雨：七時五〇分、定時点検。八時から終日防空壕の構築。夜間Ｂ－29一六六機県に来襲、焼夷弾一〇九六トンを投下。死者一九〇〇名、負傷者二九〇〇余名。市街地ほとんど全焼。

七月二日（月）晴：終日、校庭の整地。昼食後、体重測定。

七月三日（火）快晴：八時、定時点検。午後、荷揚げ。

七月四日（水）晴：終日、道路の構築。もっこを担いで土砂を運搬。

七月五日（木）晴：五時起床。午前、道路の構築。午後蓖麻（ひま）（唐胡麻の別名）を植えた後、引き続き道路の構築。夕刻、練兵場にて映画『海軍』（山内明・主演）を鑑賞。娑婆で観たときは感動したが、立場が変わると「娑婆気満々」という気がしないでもなかった。大原ではドイツ映画の『急降下爆撃隊』と片岡千恵蔵の『宮本武蔵』を観たというが、岩国や久賀では観た記憶がない。ただし、巌流島決闘直前の武蔵とお通の再会シーンになると、カットの連続であったとのこと。

七月六日（金）曇：七時四〇分、防空壕の構築を開始。二〇分交代で横穴を鶴嘴で掘り起こす。一一時四〇分、空襲警報発令、解除後帰校。褐青色に染めた二種軍装が貸与される。あの純白のスマートな第二種軍装が台無し。皺だらけの「ナンジャ、コレハ」という代物になった。一号ではないが、「悲しくて、涙も出ん」とは、正にこのことである。

七月七日（土）晴：三時三〇分起床。直ちに防空壕の構築を開始。現場にて朝食。七時五〇分、作業止め、帰校。昼食後、午睡、自選作業。

七月八日（日）晴：午前〇時～二時、防空壕の構築。帰校後就寝。六時四〇分起床、朝食。八時軍艦旗掲揚。正面玄関向かって右側にある国旗掲揚のポールに掲揚したと思われるが、記憶にない。終日自習。

七月九日（月）快晴：午前作業なし。午後一二時～一六時、防空壕の構築。

七月一〇日（火）曇：起床後、直ちに大掃除。室内点検、銃器点検。午前、デスク、椅子、空き箱等の運搬整理。このときと思われるが、烹炊所の近くを通ったとき何気なく通路の傍に置いてある醬油の一斗樽を見ると、漢数字の一に奔馬の絵が描いてあるではないか。それは中学時代のクラスメート下川君の家業、「一馬」醤油醸造の商標である。他愛ないことであるが、郷里の防府から来たと思うと、無性に懐かしかった思い出がある。午睡後、自選作業。

課業再開　七月一一日〜八月一九日

一部も七月二五日より課業開始の予定。それまでは引き続き環境整備。

七月一一日（水）曇後雨：定時点検時、生徒隊監事から「久賀に移転以来一ヵ月を経て、総員の努力により予想以上の環境整備ができたことは喜ばしい。本日より二部は課業を再開するが、一ヵ月間のブランクがあるので、一日も早く本来の生徒生活に復帰するよう切望する」との訓示あり。物理（光学機械）、図学（ボルト、ナットの図）、国漢（神皇正統記の人臣の道）。午後游泳訓練。

七月一二日（木）雨：体操、定時点検、課業整列は取り止め。化学、機構学、基礎数学。午後は明日の栗田校長巡視に備えて大掃除。

七月一三日（金）晴：起床後、直ちに道路の補修作業。朝食後、寝室付近の整理整頓。七時四〇分、武装して練兵場（小学校の校庭）に集合、閲兵式の建付。八時三〇

分校長到着、閲兵式あり。九時五〇分、課業整列。午前、物理。午後、海洋学（潮汐）、游泳訓練。

七月一四日（土）曇：力学（力と力の釣り合い）、基礎数学（函数、極限値、積分）、歴史（天智天皇、奈良平安時代、律令の変遷）。午後遊泳訓練。

七月一五日（日）晴：午前、地引網。午後、夜間の焼夷弾攻撃に関する講話と実験あり。焼夷弾の概念を把握。

七月一六日（月）晴：午前、八田山の下、鳥居前（太鼓橋を渡り、参道の石段を上がり始めるとすぐ右手）の空き地に烹炊所を建築。午後、陸戦で八田山頂上に登り、一四時～一七時の間「築城された陣地」を見学し、説明（迅速な築城と地形の利用）を聞く。

七月一七日（火）雨：終日、小雨の中で防空壕の構築。生徒隊監事から当地に疎開中の著名な浪曲師が紹介され、一八時から練兵場にて忠臣蔵を聴く。

七月一八日（水）晴：定時点検、課業整列後、練兵場にある木材を八田山の麓まで運搬。一一時二〇分、作業止め。午後、陸戦、催涙ガスの体験。練兵場にテントを張って催涙ガスを充満しておく。その中に防毒面を持って入り、息を止めて素早く着用。数分間テント内にいてから外に出る。もたついて防毒面の着用に手間取るか、顔に密着していないとガスが涙腺を刺激して、涙が止まらない。

七月一九日（木）晴後曇：朝食後、防空壕の構築。昼食のために帰校し、午後も構築作業を継続。

七月二〇日（金）曇後雨：基礎数学（極限値）、化学、物理（望遠鏡の構造、レンズの収差）。

七月二一日（土）雨後晴：昨夜来の豪雨のため、練兵場、道路等が冠水。六時起床、カッター手入れのため海岸に行く。七時、朝食。定時点検と課業整列は取り止め。基礎数学、力学、物理査定。

七月二二日（日）晴：休日日課。午後外出。

七月二三日（月）晴：英語（文章の五形式）、国語（力抜山気蓋世（ちからはやまをぬき、きはよをおおう）、四面楚歌）、海洋学（潮汐）、短艇（錨、投錨法、測深法、方位、曳航法）。

七月二四日（火）晴：朝食後、発破を使用して防空壕の構築。一〇時から自習室の暗幕を整備中、突然退避の指示あり。各個で蜜柑山に退避中、敵艦載機多数、低空にて久賀の上空を通過。退避を止めて自習室に戻る。一五時～一八時防空壕の構築。一七時頃、敵艦載機による機銃掃射を受け、定員隊兵舎、監視哨に被弾、死傷者あり。

「七月下旬、呉を空襲した帰りのグラマン（F6F艦上戦闘機）に突然空襲され、練兵場に飛び出したときは、すでにグラマンは目の前をこちらに向かってくる。近くの生徒に『伏せ！』と命じて頭を上げて見ると、前方三〇センチばかりの所を機銃弾が砂煙を上げて走っていくのが見えた。生徒に死傷者がなかったのは幸いだった」という一部奇数分隊の生徒による記述があるが、おそらくこの日のことであろう。当日、筆者たち二部は防空壕の構築で八田山にいたので、生徒館が機銃掃射されたことを知らなかった。

久賀町でも五名の死傷者があり、この中には、阿弥陀寺にて分散授業中、山門付近で銃撃により即死された女学校の教師、大浜九市先生が含まれている。寺院の屋根が飛び散り、電線がずたずたに切断されたとのこと。

三月一九日の米機動部隊による内海西部の第一次空襲に引き続き、七月二四日と二八日、W・ハルゼー提督麾下の第五八機動部隊による第二次空襲が実施された。そして残余の日本海軍艦艇は、その大半が甚大な損傷を受けた。当時、江田内にいた重巡「利根」と軽巡「大淀」も例外ではない。筆者たちが乗艦実習をした「磐手」もこの日、浸水、着底している。本校と大原では、両艦の壮絶な最期を目の当たりにしているらしいが、久賀にいた筆者が両艦の最期について知ったのは、戦後もかなり経ってからのことである。その記録を略述する。

「利根」「大淀」の行動記録

比島沖海戦（捷一号作戦）に参加した後、重巡「利根」（第一遊撃隊、第二部隊）と軽巡「大淀」（機動部隊本隊）は、それぞれ別行動をとって内地に帰着した。

「利根」

昭和一九年（一九四四年）

一一月一〇日：マニラ発、内地に向かう。舞鶴に帰着し、損傷箇所の修理と機銃を増設。

昭和二〇年（一九四五年）

一月一日　：呉練習戦隊に編入。

二月二〇日：呉に回航。江田島方面にて、生徒乗艦実習および訓練整備に従事。

三月一九日：江田島にて米機動部隊艦載機の攻撃を受け、直撃弾一発、至近弾多数、小破。その後、広島湾に回避。

五月四日　：まず「利根」が江田内に入り、「大淀」がこれに続く。その後、浅瀬に位置を変え、四方に錨を打って防空砲台として固定。「利根」は松ヶ鼻のあたりで艦尾を津久茂に向けた。

七月五日：特殊警備艦となる。

七月二四日：八時四〇分、米第38任務部隊、江田島に再度来襲、直撃弾四発、至近弾七発を受け、損傷（浅瀬に乗り上げ）。

七月二八日：米艦載機から再度攻撃を受け、直撃弾二発、至近弾六発を受けて二一度傾斜、大破、着底。

「大淀」

昭和二〇年（一九四五年）

一月一〇日：シンガポール発、「伊勢」「日向」とともに航空燃料を満載して、二〇日呉帰着。

7月24日、江田島で米艦載機の爆撃を受け、応戦する重巡「利根」

三月一日　：呉練習戦隊に編入。
三月一九日：空襲を受け、回避運動のため呉軍港を出港。回避運動中、至近弾の炸裂による爆圧で艦底を破損。直撃弾四発、六基の缶のうち四基を破損、中破。呉工廠にて応急処置のみ実施。
五月四日　：「利根」に続いて江田内に入り、飛渡瀬に直行。付近の岸に錨を入れ、防空砲台として固定。
七月二四日：後部の烹炊所、機械室、前部電信室などに被弾、火災発生。右舷に傾き始めたので、転覆防止のため注水。

軽巡「大淀」は7月28日に直撃弾11発を受け大破、横転

二六日、消火と傾斜復元に成功。

七月二八日：被弾により電信室が破壊、レーダー、通信機能を喪失して孤立。直撃弾一一発を受け横転。二四日と二八両日の戦死者二二三名、負傷者一五〇余名。付近の村の住民が舟を仕立てて戦死者、負傷者の収容を手伝い、彼らは本校の病室にも運ばれたという。

七月二五日（水）晴：朝食後、荷揚げのため桟橋に向かう途中、空襲警報発令、自習室にて待機。八田山に退避せよとの指示により、駆け足で移動。警報解除後、桟橋にて荷揚げ。本日を予定されていた一部の課業（学術）再開は、翌日まで延期。

午後、陸戦、イペリットの除毒方法を実験。イペリット液をごく少量手の甲に着け、三号除毒剤（晒し粉）を水と混合、練り状にして皮膚に塗布（中和）、水でよく洗って除毒。除毒剤がないときの対策として砂で拭きとったが、水泡ができ、火傷のような痕が二十代の終わり頃まで残った。ルイサイトには四号除毒剤を使うとの講義のみで終わる。毒ガスの使用は国際法で禁止されているが、日米どちらかが使用すると予測されていたのだろうか。一方が使用すれば他方も報復的に使用するので、エスカレートすることが容易に想像できる。

艦載機延べ九五〇機、東海以西の飛行場、船舶を攻撃。空襲頻繁、前後六回飛来（江田島）。

七月二六日（木）晴時々曇：定時点検、課業整列後自習。一部、一日遅れの課業再開。

七月二七日（金）曇後晴：朝食前、桟橋に行き荷揚げ。午前、排水用土管の埋設。午後の陸戦訓練は対戦車肉薄攻撃。手投げ円錐弾（直径約一〇センチ、長さ約二〇センチの円錐状木片の尖端に方向維持の尻尾あり。これは、潜水艦がドイツから持ち帰った秘密兵器の一つで、円錐弾の内部には円錐形の空洞があり、後部の起爆装置が作動して爆発すると、高温、高速度の噴流となって目標の表面に集中、超高圧を生じて戦車の外板に穴を開けるとの教員の説明あり）、棒地雷（棒の先に地雷を付けたもの）、布団爆弾（子供の座布団大）のダミーを使用して、M４戦車（シャーマン中型戦車。乗員五名、重量三三・八トン、時速四八キロ、七六ミリカノン砲、一二・七ミリ機銃×各一、七・六ミリ機銃×二）の実物大模型に対する肉薄攻撃を訓練。

肉薄攻撃班の数名がタコ壺に潜んでいて、戦車が近づいてくると姿勢を低くして戦車の火器の死角内に潜入し、円錐弾、棒地雷、布団爆弾で戦車のキャタピラを破壊して擱坐（かくざ）させ、開孔や覘望孔（てんぼうこう）（のぞき孔）目がけて青酸弾（青酸水溶液入りガラス球）を投げる。戦車内の敵兵は青酸ガスで死亡するが、ガスは間もなく消滅するので、戦車は戴きという筋書きである。しかし、今日考えると、実際に問屋がそう卸してくれるか、大いに疑問である。随伴歩兵に対する訓練をした記憶もない。第一一航空廠岩国支廠（愛宕山）に空爆。

七月二八日（土）晴：五時起床。朝食後、総員退避の指示があり八田山に退避、自習。艦載機上空に飛来。一三時過ぎに帰校、昼食。午後もしばしば空襲警報発令（関東、東海、中部、九州に、艦載機延べ約二五〇〇機、P－51二七〇機硫黄島より来襲）、八田山に退避。一八時前、廃材の荷揚げ。

七月二九日（日）晴：五時起床。六時、朝食。七時五〇分、定時点検。八時、課業整列。歴史（摂関政治と院政、保元の乱）、基礎数学（微分係数、定理と活用）。一二時～一四時、八田山に退避。その後游泳訓練（編隊游泳）。ポンツーン（箱舟）の上に飛び込み台が組まれて、飛び込みを練習。その高さについては諸説紛々、定かではないが二～三メートルではなかったかと思われる。

七月三〇日（月）曇：五時起床。六時朝食。七時五〇分定時点検、八時課業整列。カッター（重量物の運搬、人員輸送法）、物理（熱と膨張）。午後游泳訓練、主として飛び込み。海水温度が急激に低下、冷たく感じるようになる。

七月三一日（火）曇：五時起床後、大掃除。八時三〇分、外出点検。弁当持参で付近の山を散策後帰校。一七時、帰校点検。久賀に疎開中、一度だけ分隊の三号総員が、略装、略帽で、一号から短剣を借用し、弁当持参で裏山に登ったことがあるが、おそらくこのときであろう。眼下に開けた瀬戸内海に浮かぶ前島や福島などを見ながら、三号だけの気の置けないおしゃべりをして楽しい一時を過ごした思い出あり。

八月一日（水）晴：四時三〇分起床。体操、日課手入れ、朝食、定時点検。午前、物理（温度と膨張）、国語、英語（Habits of flowers）、午後、陸戦（挺身奇襲）。

八月二日（木）晴：八時～一〇時、防空壕の構築。帰校後、鉢植えの迷彩用植木を蜜柑山に運搬。一二時～一四時、防空壕の構築。一五時から土砂運搬、一六時三〇分帰校。

八月三日（金）晴：午前物理、化学。午後陸戦（制毒法）。一八時三〇分より第二回クラス会を開催、団結について論ず。

八月四日（土）晴：強風。六時～八時防空壕の構築。物理。一四時～一六時と一八時～二〇時に防空壕の構築。伍長集合時、期指導官より七五期は一一月まで軍事学（普通学は四月一四日に終了）を継続、余裕なければそのまま卒業。余裕あれば来年三月卒業。七五期を本校に集める。七六期、七七期は大原に集めるとの話があったと仄聞。このような情報は、瞬く間に燎原の火のごとく全校に知れ渡る。本土決戦の接近をひしひしと感じる。

八月五日（日）晴：午前物理、基礎数学。午後游泳訓練。分隊訓育時、分隊監事から率先躬行（きゅうこう）、積極的に物事をするようにとの訓示あり。空襲警報発令。

広島に原爆が投下される

八月六日（月）晴：広島に原爆投下。

この日の広島地方は日出が五時三〇分、日没は一八時五九分。原爆の記憶というと、人によりかなりまちまちである。というのは、当時はもはや「穴掘りス海軍兵学校」になって毎日交代で防空壕を構築していたので、部によって日課がまったく違っていたからである。この日、防空壕の構築にあたっていた一部奇数分隊の生徒の手記には、次のように書かれている。

「八月六日の広島に原爆が投下された朝は、ここ屋代島では八幡山（原文ママ）の防空壕掘り作業が未だ続いていた。私達は久賀の浜に運荷艇で運び込まれた松丸太や三分板の用材を運搬中だった。丁度二人して丸太を担いで海を背にしたとたん、一瞬にして世界がパッと明るくなったような気がした。それは何万燭光のフラッシュを焚いた感じだった。

何だろうと思ったが、そのまま歩き始めると、数秒の後に何とも形容し難い地鳴りが後ろから襲ってくる。振り返ってみれば、海の彼方の本土と思しき方向に真っ黒い砂塵が巻き上がり、それも可なり広範囲に東西に広がっているではないか。茫然と立ち止まった私達の次に見たものは、この砂塵を吸い込むようにして、真ん中に太い炎の柱が立ち上がったと見ると、その頭の入道雲は尽きることなく膨れ上がり、巨大なキノコの形になっていく。そしてその後には何の音もしないうす気味の悪い静寂が訪れた。『また大竹か、どこかの石油タンクがやられたか』と思ったが、それにしてもあまりにも規模の大きい爆発を初めて見た感じであった。

防空壕の入口まで行くと、山崩れだと勘違いした作業中の生徒が総員飛び出して来て大騒ぎをしている。異様な地響きは坑内まで聞こえて、落盤だと思ったらしい」

しかし、生徒にはそれほどの動揺もなく、この日の作業は続けられたとある。

次に、筆者の体験について述べたい。一時限は国語。女学校の教室で、教官は予備学生の中尉（お名前は失念）だったと記憶する。八時一五分頃、突然、稲妻の何倍もの蒼白い閃光が走った。何事かと皆が顔を見合わせたが分からない。二分半くらい経過したとき、轟音とともに衝撃波で校舎が強震のように揺れ、窓ガラスが猛烈に振動した。

すぐ外に出たか、授業が続けられて一時限が終わってから外に出たか定かではないが、そのときに見た光景は、北北東の方角に碧空を背景に真っ白な柱状のキノコ雲がむくむくと湧き上がり、それが次第に勢力を増し、さらに積乱雲のように発達し、灰色になって全天を覆うように広がった。何事か分からなかったが、ただ事ではない予感がした。その後の日課は予定表どおりだったという資料があるが、昼食や夕食はどうしたか、午後や夜は何をしたかなど、まったく記憶がない。午後は全天雲に覆われて薄暗くなったが、久賀では「黒い雨」は降らなかった。本校と大原（広島から一五〜一六キロ）では、自習の後半（二〇時過ぎ）になって、一時沛然たる雨が降ったという複数の証言がある。これが「黒い雨」であろう。

数日後、物理の教官が「新型爆弾は原子爆弾らしい。ウラニウム二三五を原料とし、それを水素で包む。ウラニウムは一定量ないと爆発しないので、爆弾の目方は少なくとも五トン（実際は四トン）になる。B‐29に積める目一杯の重量」と話されたという記述がある。また、ある生徒の作業日誌の八月六日を含む週末所感には、はっきりと「原子爆弾」と書かれている。兵学校では、早くから原子爆弾という認識があったとのではないかと思われる。

八月七日（火）快晴：自習。昨日広島に「新型爆弾」投下。露出した皮膚がやられるので、光を吸収しない白頭巾、靴下を切って軍手に付けた物（手甲）を常に携行し、警報とともに着用するようにとの指示あり。本校や大原分校では白い布が支給され、自分で縫って袋に仕立て、目の所に穴を開けたと聞いたが、筆者には袋を仕立てた記憶はない。岩国関連の記述には、「白風呂敷（覆面）と靴下を切って軍手に付けたもの（手甲）を常に携行し、警報とともに着用することが指示された」とある。

八月八日（水）晴：力学、基礎数学。防府分校（予科）の生徒館五棟が艦載機の空襲により焼失。九州北部に対する空襲の余波によるものと思われる。

八月九日（木）晴：午前、土砂の

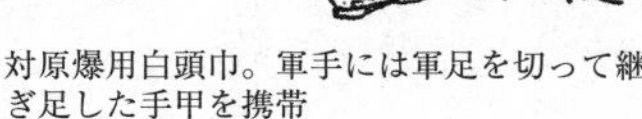

対原爆用白頭巾。軍手には軍足を切って継ぎ足した手甲を携帯

運搬。自習後、一〇時～一二時と一六時～一七時、防空壕の構築。長崎に原爆投下。ソ連参戦。
戦況の悪化をひしひしと感じた記憶あり。岩国航空隊（川下地区）にも集中爆撃。ソ連参戦。

八月一〇日（金）晴：午前、生徒隊監事から「敵米国は六日に広島、九日に長崎を原子爆弾で攻撃した。ソ連も昨日零時を期して対日宣戦を布告した。どのような状態になっても、生徒はその本分に徹した行動をとること。また、頭巾と手袋を必ず携行せよ」との訓示あり。図学、化学。課業中に空襲警報発令、退避。

八月一一日（土）晴：六時二〇分、定時点検後自習。七時四〇分～一〇時、防空壕の構築。一〇時三〇分～一一時三〇分、土砂の運搬。一四時入浴後三混注射（注：チフス、コレラ、日本脳炎の三種混合ワクチン接種）。常時実力観測（考査）の時間割発表。初日は八月二一日の予定。

八月一二日（日）快晴：基礎数学。英語（Habits of flowers, How some animals sleep）。英語の時限が終わったとき、空襲警報発令、退避。一一時四〇分、警報解除。午後、遊泳訓練。終わって再度空襲警報発令。八田山に游泳帯（六尺褌。晒し木綿六尺をそのまま使う）のままで退避。一七時、警報解除、夕食後、略帽を染め替えに出す。軍帽に褐青色の日覆を付けて着用。

八月一三日（月）晴：午前、物理（物質の状態の変化、飽和蒸気圧の測定）、機構学（差動歯車装置）。午後、游泳訓練（編隊游泳）。

八月一四日（火）晴：午前、基礎数学、空襲警報発令、退避。約一時間後に警報解除。一〇時四〇分に三時限より再開。一三時昼食後は、空襲警報発令と解除の繰り返し。実用数学教科書、英語参考書、英文法教科書（前編）の貸与。体重測定。生徒隊付監事から三号の行進悪しとの注意あり。岩国駅付近の繁華街はB－29、光海軍工廠はB－29と艦載機による戦爆連合の攻撃により壊滅。ともに死傷者多数。

敗戦

八月一五日（水）晴：午前物理、力学。正午に重大放送があるとの達示あり。総員下着を取り替え、二種軍装着用、練兵場に集合して拝聴。ラジオの雑音多く理解できず。監事長「たぶん頑張れということだろう」とのことで解散。このことから、終戦工作はごく限られた海軍中央の人たちだけしか知らなかったことがうかがえる。この後で軍歌演習があったとの資料もあるが、記憶なし。大掃除終了後、一四時三〇分再び総員集合。「先ほどの話は、ポッツダム宣言受諾の已む無きに至る」と知らされる。

総員、一時は茫然自失したが、悲憤慷慨して徹底抗戦を叫ぶ教官や生徒はいなかった。心境は悲喜交々、きわめて複雑。生徒隊監事から「日課は予定表通り」との指示あり。この夜から灯火管制解除、明るい自習室、寝室になる。

ある生徒の作業簿に「余リノ事ニ頭ノ混乱スルヲ覚エ何モスル気ニナレズ。心ノ拠リ所ナク浮雲ノ如シ」とあるが、当時のことを思い出すと、心のどこかに大きな穴がぽっかり開いたみたいで、言い得て妙である。今までの厳しい訓育に耐え、多岐にわたる学術教育を受けてきたのは一体何のためだったのかと思うと、やるせない空しさを感じた。また、これからの日本は、海軍は、兵学校は、そして生徒はどうなるかと思うと不安と焦燥感を感じたが、心のどこかでは、これで戦争が終わり、家に帰れるのだという安堵を感じたのも事実である。口にはしないが、誰しもそう思ったのではないだろうか。

平泳ぎで４浬を泳ぎ切った遠泳。極限への挑戦であった

八月一六日（木）晴：化学（有機化学、定性分析、定量分析）、歴史。染め替えに出した略帽を受け取る。

八月一七日（金）晴：朝食後、練兵場に集合、八田八幡宮に参拝。帰校後、課業整列。午前、基礎数学、機構学。一部は遠泳。

八月一八日（土）晴：朝食後、廃材運搬。一一時、作業止め。午後、游泳訓練（編隊游泳）。

八月一九日（日）晴：午前、地引網。午後、二部の遠泳。生徒隊監事から「敗戦の已む無きに至り、諸君は間もなく帰休することになるが、この遠泳の体験は、必ずや諸君の将来に役立つことになるだろう」という趣旨の訓示後、四浬（かいり）の遠泳が始まる。四列を組んで平泳ぎでゆっくりと泳ぐ。一時間もするときつくなったが、それを過ぎると、後は惰性で泳いだ。午後かなり遅く、完泳して陸に上がる。足に力が入らず、へたり込んですぐには立てず、熱い飴湯の振る舞いで、ようやく元気回復。極限への挑戦という貴重な体験になった。夕食時から発熱。食欲なく受診、寝室休業。

帰休準備　八月二〇日〜二四日

八月二〇日（月）晴・寝室休業。平熱に戻る。寺崎君が食堂から朝食のお粥を運んでくれた。昨夕から欠食、空腹だったので感謝感激。考査取り止め、帰休の新日課発表、帰省先調査票配布。防空壕の崩れ防止、校舎返還作業を実施。この日から機密図書などの返却、書類の焼却が行なわれ、燃え上がる紅蓮の焔に帝国海軍の終焉を見る想いあり。練兵場で、監事長から今後は科学と思想の戦いになるとして、第一次世界大戦後の敗戦国ドイツに科せられた諸条約と同国の復興に関し、時代を追って説明。日本の将来を暗示した訓示があったと聞くが、記憶なし。おそらく寝室休業のため、不参加と思われる。

終戦当時、海軍省教育局勤務だった宮本鷹雄中佐（五六期）の海軍回顧録を要約すると、「八月一〇日頃、終戦が察知された。無条件降伏になれば、純情一徹の生徒はどんな行動に出るか分からない。このため教育局長に願い出て、兵学校当局者に次のとおり指令した」とある。

（一）生徒は直ちに夏季休暇を与え、帰省させる。

（二）機密書類を除き、書籍、衣服、食糧は各自が携行、金銭も所定の額を支給する。

（三）戦争の推移により必要な場合、教官を県庁所在地に連絡のため派遣する。

事実、このとおりに実施されている。

八月二一日（火）晴：自習室と寝室の整理。帰休先調査票に記入。午後、身辺整理。その後、自習室に集合、伍長から帰休に関する注意事項の伝達。娑婆では物資が非常に不足しているから、貸与品はできるだけ持ち帰るように、また、ポツダム宣言により日本は連合軍に占領されるから、兵学校生徒であった身分が分かるすべての文書、書籍、ノートなどは焼却せよとの指示あり。

小銃などの兵器は、一箇所に集められて処分されたのであろう。小銃を桟橋に着いた運貨艇まで運んだ。水兵に渡したところ、彼は数丁を束ねて藁縄で縛り、無造作に船倉に投げ込んでいた。筆者たちが大切に取り扱ってきた小銃が、ガチャン、ガチャンと大きな音を立てて積まれていくのを見るのは、心底から忍びなかった。このとき、まさに敗戦を実感した。

筆者には、その情景が今でもはっきりと目に浮かぶのであるが、クラスメートに尋ねると記憶がないという。三号が何組かに分散して、別々の作業をした可能性もある。

大掃除後に銃器手入れ、校長巡視時には武装とあるので、久賀に小銃はあったはずである。あながち筆者の記憶違いでもないと思う。

栈橋で隊伍を組んで生徒館に帰ろうとしたとき、数名の土地の若者の中に、光海軍工廠で学徒動員時代に顔見知りになった岩国工業学校の今田君の姿を見つけたが、先方は気付いていない。こちらから近づくのも躊躇われたので、「オイ、今田」と叫んだ。彼はこちらを見たが、クラスメートと同じ服装をした筆者を認めたかどうか分からない。

筆者たちはすぐに栈橋を後にした。話ができず心残りであったが、諦めざるを得なかった。当時は知る由もなかったが、おそらく彼も一週間前、光工廠において戦爆連合の大空襲の洗礼を受けていたに違いない。動員解除で帰省したのであろう。

八月二二日（水）晴：帰休の準備にとりかかる。定員隊がシーツで作ってくれたリュックを受領し、米、乾パンなどの分配を受け取る。生徒総員による最後の夕食は、教官と生徒の汁粉会食。砂糖不足のため甘味は南瓜、さつま芋で補ってあった。最後の夜を一号、二号と一緒に歓談して過ごす。

八月二三日（木）晴：帰休開始。中部地方以東の出身者は、見送りの生徒に声をかけながらリュックを背負い、毛布や衣類をシーツで包んで肩に担ぎ、空いた手には食糧などを下げ、持てるだけの物を持って「復員スタイル」で校門を出ていった。

八月二十四日（金）晴：近畿地方、九州（福岡県を除く）の出身者帰休。対番の中村生徒と籠谷生徒は、この日帰休。残り総員は並んで帽振れで見送った。夜、二〇二、二一二分隊の残留者が練兵場で分隊監事を囲み、雑談を拝聴。このとき初めて分隊監事が同県人で、小野田市の出身と知る。

帰　休

八月二十五日（土）晴：帰省先が県内なので、最後まで残務整理を手伝う。昼前に弁当と江田島羊羹一本（現在の羊羹の四分の一くらいの大きさ。入校以来、最初で最後の江田島羊羹）を受け取り、徳山、防府、山口中学出身の三号が集合。このとき中学のクラスメート松下昌造、辻岡俊輔（ともに一部）と入校以来、初めて会う。三号にとって、他部の生徒館は鬼門。一部の生徒館に行った記憶はない。

支給された被服、教科書、食糧などをリュックに詰め、手には毛布を持ち、復員スタイルで中学の先輩、清水義佑生徒に引率されて久賀の桟橋から内火艇に乗艇、大畠に向かう。内火艇は微速で突堤をかわし、ぐんぐんと増速した。群青の海面に真っ白いウエーキが一本長く伸びていく。目前に広がった、再び訪れることもないであろう久賀の街並みも、すぐに島影で見えなくなった。これが海軍の艦艇に乗った最後となる。やがて大畠港に着いた。

大畠駅からは、支給された切符で改札を通って汽車に乗る。発車後、間もなくして兵学校最後の昼食を認めた。三〇分もすると徳山である。到着前に略装から二種軍装に着替える。ここで徳中出身者が名残り惜しげに別れを告げて下車した。

さらに三〇分すれば三田尻。今度は、筆者たちが下車する番である。山中出身者に別れの挨拶をして下車。改札口を出ると、駅前では繁華街の強制疎開の跡が整理されず、見苦しい状態で放置されていた。暑い日差しの下、駅頭で湯茶の接待を受けた後、清水生徒、松下、辻岡と別れ、徒歩で帰宅した。二度と帰ってくることはないと覚悟して家を出てから五ヵ月弱、帰宅したときの気持ちは悲喜交々、非常に複雑であったことを思い出す。

玄関の戸を開けて「ただいま！」というと、母親が飛んで出てきた。「お帰り。今日くらいには帰ってくると待ってたよ。まぁー、日焼けして、痩せたね。ご苦労さま」そういう母親の目には、光るものがあった。

前出の『久賀小学校百年史』には、次の記述がある。

「九月六日
太平洋戦争終結と共に、本町へ疎開本校を使用しつつありし海軍兵学校は解散し、同時に本校校地、校舎を返戻（へんれい）せしにつき、本校仮教室を閉鎖し児童を復帰せしむ」

兵学校の解散により、生徒が使っていたデスク、椅子、戸棚（チェスト）などは小学校と女学校が引き継いだ。外地からの引き揚げや、戦後の学制改革に伴う生徒の増加に役立ったのではないだろうか。ベッドやその他の不用品は、町内の各戸に配られたようである。運動場にあった三角兵舎（バスと思われる）の屋根に、子供たちが登って遊ぶので、危険で困ったという当時の先生の話もあるが、やがて撤去されたことであろう。

九月二三日（日）：山口県庁に集合せよとの連絡あり。出頭すると、分隊監事の竹山少佐が来ておられた。三種軍装で階級章は付けておられたが、丸腰である。一学年修業証書、校長訓示、今後の心得並

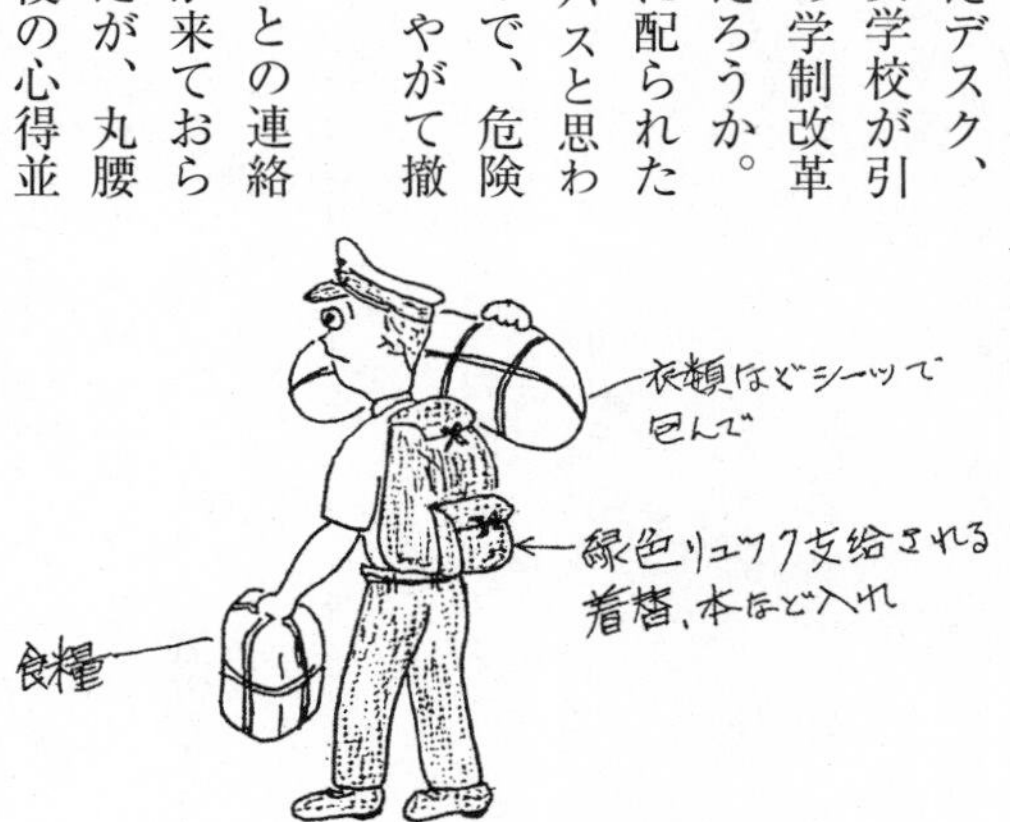

復員姿で久賀の港から内火艇で大畠へ

びに参考事項に関する書類を手渡され、できれば上級学校に入学するようにといわれた。何がしかの復員手当も支給されたような記憶もあるが、定かではない。

一〇月一日(月)：生徒差免。かくして、一七五日におよぶ筆者の海軍兵学校岩国分校の生徒生活は、その幕を閉じたのである。

一二月一日(土)：一一月三〇日付海軍兵学校令の廃止に伴い、岩国分校もその二年の歴史を閉じた。

あとがき

まず、本書を書くことを兵学校用語でいえば、手荒く（ものすごく）勧めてくださった大阪経済法科大学特任教授内海愛子氏にお礼を申し上げたい。前述のとおり、筆者の兵学校生活はわずか半年足らず、それも伝統のある本校ではなく、臨時の岩国分校においてである。しかも、その岩国での生活も二ヵ月で終わり、終戦までの残り二ヵ月余りは、久賀の仮の宿で、兵学校とはあまりにもかけ離れた環境での生活である。以前にも、多数の友人、知人から当時のことを書くようにと強く勧められたが、筆者が体験したこのような兵学校生活を書いても意味がないといって、お断りしていた。しかし、内海氏から、そのような事実があったことをできるだけ詳しく書き残しておくことが大切なのではと説得され、遂に重い腰を上げた次第である。

しかし、いざ書こうと決心はしたのはよいが、当時の記憶は忘却の彼方に消え失せ、手元にはまったく資料がない。幸いにして、あちら、こちらと探しているうちに、当時一号生徒の竹村俊彦氏とクラスメートの近藤基樹君から、多量の貴重な資料を快く提供していただいた。この場をお借りして深甚な謝意を表したい。これらの資料なしては、本書を書き上げることは不可能であったといっても過言ではない。また、当時同じ分隊で、自習室のデスクと寝室のベッドが文字どおり隣同士で苦楽を共にした寺崎君から、筆者のおぼろげな記憶を補ってもらったことにも感謝したい。我ながら失望するほど、当時の記憶が薄れていたことを申し添える。

次に、近藤君から借用した資料の中にあった一〇七分隊植月淑郎氏の「海軍兵学校三号物語」を参考にさせていただいた。同氏は一期上の七六期生として入校されたが、不運にも病を得て岩国で三号生活を繰り返されたため、その記述は、我々の記憶がとうていおよびもつかないほど正確、かつ詳細にわたっている。さらに、二〇二分隊古賀辰巳君が、同分隊の佐野吉彦君の詳細な資料に基づいて書いたメモにも全面的に頼ることになった。同分隊は、筆者の二一二分隊と同じく二部の偶数分隊なので、同分隊がある日に実施した課目は、午前と午後くらいの違いはあっても、筆者の分隊のそれとほとんど同じと考えても差し支えないと愚考したからである。また、一〇二分隊沼田俊一君と一〇六分隊日高基男君の日々の課目を克明に記載された「生徒作業簿」も、三号全体の行動、特に久賀移転のため、一部と二部が別行動をとった一月半の間における出来事の確認に使わせていただいた。未曾有の敗戦で大混乱を来していた当時、「生徒作業簿」を持ち帰った佐野、沼田、日高の諸兄の慧眼には満腔の敬意を表わしたい。また、乾君からは、その著書『海軍兵学校ノ最期』の一節を使うことに快諾をいただき感謝する。さらに拙文を視覚で補足するため、竹村氏の兵学校生活体験者ならでは描けない漫画も使わせていただいた。改めて、衷心よりお礼を申し上げたい。

また、岩国に関する資料は、海上自衛隊岩国航空基地第三一航空群司令部広報室・山縣正夫一等海曹、また入校直後、学術教育や訓練のために教班を編成したときの貴重な写真は、海上自衛隊第一術科学校教育参考館・福原毅係長から提供していただいた。久賀の詳細については、周防大島町教育委員会・久賀地区生涯学習班主幹・川口智氏にご紹介いただいた同町在住の大村繁氏によるものである。同氏は当時小学校の六年生で、提供していただいた貴重な情報から数多くの不明であった点が判明したことを付記し、そのご厚意に深甚の謝意を表わしたい。

筆者たちの兵学校生活は、最後のクラス、永遠の三号で終わった。歴史に〝if〟はないというが、もしも筆者たちが一号になっていたら、七九期をどのように指導したであろうか。兵学校の歴史上、最も獰猛(ねいもう)だったといわれる七三期の土方クラスが七五期を鍛え、その七五期が筆者たち七七期を鍛えた。それゆえ、筆者たちは土方クラスのDNAを受け継いでいたことになる。しかし、理不尽なことで一号に徹底的な修正を受けたある三号が、「一号になったら、俺は理不尽なことでは絶対に三号を修正しない。三号に尊敬される一号になりたいと誓った」とクラス会報『江田島』に寄稿しているが、強い共感を覚える。後知恵といわれることを承知のうえでいえば、相手がよほどのズベ公でない限り、自分が三号のとき修正されたからといって、一号になって無抵抗の三号を修正することは潔しとしなかったであろうと思う。

いつも考えるのであるが、最後の三クラスだけでも生徒数が一万名を超えている。さらに、一九四五（昭和二〇）年四月、海軍兵学校予科が復活し、生徒約四〇〇〇名が筆者たちとほぼ同時に長崎県の針尾分校に入校している。乗る艦(ふね)も飛行機もない時代、これだけ多くの生徒を採用した海軍当局の意図は那辺にあったのだろうか。海軍当局は本土決戦を考えていなかったという。とすれば、護国隊の結成や陸戦訓練の強化は時世に沿った建前であって、海軍当局には兵学校を海軍「歩」兵学校にする意図はなかったであろう。

当時の情勢から考え合わせると、海軍は筆者たちを敗戦後の日本再建要員として温存しようと意図したのではと考えるのが妥当ではないだろうか。普通学が多く、時間数は少なかったが英語もあった。当時、英語を教えていた学校は、おそらく兵学校の他にはほとんどなかったはずである。もしも再建要員であったとすれば、筆者たちは戦後、各界で活躍して日本の再建に微力ながらも貢献し、海軍当局の深慮遠謀に応えましたと誇りを持っていえると思う。戦艦「大和」や零戦を造った技術と同様、兵学校生徒は海軍の大いなる遺産だった、ともいえるのではないだろうか。

最後に一言。筆者たちが体験した兵学校生活は、本来のそれとはほど遠いものであったと思われる。それも、岩国を去った時点で終わったといえよう。起床動作、相撲、武道、棒倒しなどの兵学校らしい日課を久賀で行なうことは、物理的に不可能であった。安全と思われた疎開先の久賀でさえ何度も空襲を受け、八田山や、すぐ裏の蜜柑山に頻繁に退避を余儀なくされるほど、事態は緊迫していたのである。

筆者たちが体験したのは、大日本帝国も、帝国海軍も、まさにその終焉を迎えようとしていたときの兵学校生活であった。六〇期代中頃の各期のように生徒数は一五〇余名、ゆとりのある四年制、夕食後の酒保、養浩館、週末の短艇巡航や外出時の倶楽部、そして卒業後の遠洋航海などなど、楽しいことは、どれ一つとっても筆者たちには縁がなかった。

しかし、兵学校当局としては、当時の超緊急事態下においても、また敗戦後の生徒の身の振り方についても、生徒のために可能な限り最善の施策を取ってくださったものと信じている。そして、兵学校で身に付けた躾が、その後の人生において身を処するときの指針となり、定年を迎え、八十路を越えた現在も健康に恵まれ、文筆に親しむことができるのも、当時の教育や訓練に負うところが大であることを考え合わすと、ただただ感謝あるのみである。

最後になったが、本書の編集を担当していただいた潮書房光人社第二出版部の坂梨誠司氏、拙稿を世に出してくださった雑誌「丸」の編集長・室岡泰男氏に深甚の感謝の意を表して筆を擱く。

二〇一五年八月

菅原　完

〈追記〉

雑誌『丸』の二〇一四年七月号と八月号に掲載された「俺だけの海軍兵学校岩国分校物語」に「最後の兵学校生徒が綴る荒道場の生徒館生活」の副題を付けたところ、ある読者から、「七八期があるのに、なぜ七七期が最後になるのか」という質問をいただいた。当時の事情をご存じない読者の大半も、おそらく同様な疑問を抱かれるのではと懸念するので、ここで説明しておきたい。

本文にも述べたとおり、兵学校の制度は全寮、自治制で、組織は縦割りである。その最小単位の分隊は、筆者たちの場合、それぞれ約一五名の一号生徒（七五期）、二号生徒（七六期）、筆者たち三号（七七期）で構成され、分隊に割り当てられた自習室と寝室で起居を共にし、伍長を中心とした一号生徒による文字どおり鉄拳で叩き込まれた日常の躾教育、生活指導が行なわれた。

この兵学校本来の制度の中で育った最後のクラスが、七七期である。したがって、筆者たちは兵学校生活で最も厳しく、かつ辛い三号の生活をやり遂げた最後のクラスで、兵学校生徒のアンカーマンになったという自負心がある。その自負心が、多難な戦後を乗り越える心の糧となったと思う。

以上で、「最後の兵学校生徒」と書いた理由をお分かりいただければ幸いである。

史料

◇岩国分校開校時の四〇代校長・井上成美中将訓示（昭和一八年一一月）

岩国分校開校ニ際シ岩国生徒隊ニ訓示

海軍兵学校長海軍中将　井上成美

本日茲ニ海軍兵学校大拡張ノ第一歩トシテ岩国分校ノ開校ヲ見ルニ到リ此ノ記念スベキ日ヲ迎フルニ際シ特ニ岩国生徒隊生徒一同ニ訓示ス

当分校ハ戦局進展ノ要求ニ基キ至急多数将校養成ノ必要上岩国航空隊ノ施設ヲ応急利用シテ開校ノ運ビニ到リタルモノニシテ其ノ設備ノ外容内実共ニ江田島本校ノ夫ニ及バザルハ誠ニ已ムヲ得ザル所ナリ諸子ノ学習訓練及修養ニ相当ノ不便困難アルベシ幸イニシテ当校ノ位置西ニ翠峰ヲ負イ東ニ広島湾ヲ擁シ地勢開豁風光壮大敢テ江田島ニ劣ナシ

環境人ヲ造ルト謂フハ真理ナリ然レドモ環境ヲ以テ単ナル形而下ノ要素ヲ意味スルト為スハ誤ニシテ寧ロ其ノ地ニ流ルル精神其ノ地ヲ充タス雰囲気コソ人ヲ造ルナレ

富家ノ子弟ト雖モ父母其ノ訓育ヲ慮ハズ家庭ノ空気健全ナラザルニ於テハ其ノ子弟ノ前途ヤ憂フベク之ニ反シ貧家ニ養育セラルルトモ其ノ父母ニシテ子女ノ訓育ニ熱心ニシテ家庭ノ雰囲気健全ナラバ偉人傑士之ヨリ出ヅベシ況ンヤ当分校ノ施設貧家ノ夫ヲ以テ譬フベキニアラザルニ於テヲヤ

只当校ニ欠如スル一事アリ江田島精神ノ未ダ確固タル雰囲気ヲ作ルニ到ラズ江田島本校ノ如キ古典的ノ薫未ダ其ノ香気ヲ発スルニ到ラザルノ一事之ナリ而シテ江田島本校ノ伝統精神及其ノ古典的「さび」ハ抑モ何人ガ之ヲ育成セルヲヤヲ想ヘ

当岩国ノ地ニ創メ之ヲ育成シ以テ之ヲ後進ニ伝承セシムルハ諸子之ヲ為サズシテ誰カ之ヲ為サンヤ

諸子ハ須ク思ヲ茲ニ致シ岩国初代ノ生徒タル責任ヲ自覚シ発奮勉励既ニ修練セル江田島精神ヲ発揮シ只管生徒ノ本分ニ邁進スベシ之即チ岩国精神ヲ樹立育成スル所以ナリ　（終）

◇第七七期生徒入校時の四三代校長・栗田健男中将訓示

第七十七期生徒入校ニ際シ校長訓示

昭和二十年四月十日

海軍兵学校長海軍中将　栗田健男

諸子ハ本日茲ニ海軍兵学校生徒ヲ命ゼラレ危急ノ戦局下名誉アル帝国海軍ノ軍籍ニ入リ将来兵科将校トシテ護国ノ大任ヲ担フコトトナレリ　諸子ノ本懐洵ニ察スルニ余リアリ今ヤ生徒トシテソノ修業ヲ開始セントスルニ当リテ一言以テ諸子ノ嚮フベキ所ヲ教示スルトコロアラントス

一、聖諭ノ精神ニ帰一シ奉リ一切ノ栄辱ト利害トヲ超越セル忠誠至純ノ道ニ合致センコトヲ求ムベシ凡ソ皇軍軍人タランモノ其ノ修業ノ目標ハ聖諭ニ透徹スルヲ以テ唯一絶対トセズンバアルベカラズ況ンヤ将来皇軍ノ掉幹トシテ神聖ナル統帥ノ権ヲ承行シ多数部下ヲ指導スベキ将校タラントスル者ニ於テヲヤ　諸子ハ須ク其ノ身分ト責務トヲ自覚シ凡ユル工夫ト刻苦ヲ重ネ之ガ修練ニ尽粋スベキナリ而シテ其ノ要諦ハ他ナシ　内ニ鬱勃タル報國ノ大志ヲ養ヒ常ニ聖諭ヲ奉戴シ常住座臥誠実真摯ナル内省ト積極堅実ナル実践トニ努メンノミ若シ夫レ遂ニ我慾ト稚心トヲ脱却シ得ズ或ハ懈怠ヲ生ジ或ハ将校生徒タルノ立場ヲ忘却シテ廉恥ニ欠クル等ノ事アランカコレ即チ自ラ将校タルノ資格ヲ放擲スルモノトイフベシ

二、戦闘ノ要求ニ応ゼンガ為敢為不撓ノ精神ト靱強持久ノ体力トヲ錬成シ以テ剛健ナル性格ノ陶冶ニ努ムベシ　夫レ戦闘ハ困苦欠乏悽愴苛烈ナルヲ其ノ本性トシ勝敗ノ岐路ハ能ク之ヲ克服スルヤ否ヤニ存ス諸子ハ宜シク戦闘ノ実相ニ思ヒヲ致シ平素ヨリ心力ト体力ノ錬成ニ万全ヲ期シ進ンデ剛健ナル性格ノ錬磨ニ努メザルベカラズ　戦訓ニ謂ヘルアリ「将校ノ性格ハ戦闘ヲ左右ス」ト

三、学術並ニ実業此レ悉ク他日ノ奉公ニ必須不可欠ノモノタルヲ弁ヘ好悪親疎ノ別スル事ナク一律ニ之ガ修得ニ精進シ実力ノ蓄積ニ最善ノ努力ヲ致スベシ　抑モ現代戦ノ様相タル一面ニ於テハ心力ノ戦ナルト同時ニ他面ニ於テハ科学力ノ戦ニシテ科学戦力ノ優越ハ亦勝チ難キニ勝ツノ一要因タリ而シテ海軍兵科将校ハ科学ノ粋ヲ基本トセル精巧複雑ナル諸兵器ヲ駆使セザルベカラズ又トキニ応ジ新兵器新戦力案出ヲ必要トスル事アリ或ハ

又転瞬ノ間戦機ヲ観破洞察シテ所要ノ兵術ヲ活用シ将又兵軍ノ心理ヲ洞察シテ統帥宜シキヲ得ザルベカラズ等其ノ能力ハ極メテ広汎且高度ナルヲ要求セラル而シテ本校ニ於ケル各種科目ハ直接間接一トシテコレガ能力ノ基礎タラザルハナシ諸子ハ須ク皮相ノ観察ニ捉ハレテ科目ノ軽量ノ別ヲ考フルガ如キコトナク凡ユル科目ニ最善ヲ尽シテ之ガ修得ニ務メ行学一体以テ将校タルノ能力錬成ニ万遺憾ナキヲ期セザルベカラズ

四、挙止節ニ適ヒ進退礼ヲ失ハズ端正活発ニシテ規律アル容儀慣習ヲ養フト共ニ気品ヲ貴ビ卑鄙ヲ戒メ高雅ニシテ洗練セラレタル風格品性ノ陶冶ニ努ムベシ惟フニ将校ハ将校ニ恥ヂザル品位ト風格ヲ有セザルベカラズ而シテコハ啻ニ外面上ノコトニ止ラズ内面ニ亘リテモ亦更ニ意ヲ用フル要アルニ注意スルヲ要ス之ヲ要スルニ諸子ハ聖諭ニ透徹セル崇高ナル人格ト皇國護持ノ信念トニ徹スル最強ノ将校タランコトヲ念願スベキナリ而シテ刻下ノ戦局下邦家ガ諸子ニ期待スル所ノモノハ徒ニ頭脳明敏才気煥発ノ士ニ非ズシテ熱意アル努力力行ノ士ナルコトヲ忘ルベカラズ又真ノ勇者ハ暴虎憑河ノ士ニアラズ慷慨激越ノ士ニモアラズ如何ナル困難危急ニ際会スルモ毅然トシテ己ガ任務ヲ堅持シ躬ヲ以テ之ヲ果サントスル誠忠ノ念トニ徹セル人士ナリ惟フニ之等ノ修養錬磨ハ固ヨリ吾人終生ノ目標ニシテ一朝一夕ノ克クス所ニ非ズト雖モ諸子ハ少ナクモ初級将校トシテ其ノ地位ヲ辱メザルニ欠クベカラザル一定ノ基礎ハ之ヲ本校ニ於テ琢磨了得セザルベカラズ　是諸子ニ課セラレルベキ緊急当面ノ命題ナリ　乃チ本校ハ諸子ニ対シ直チニ峻厳強力ナル教育ヲ開始スベク諸子亦虚心率直ニ之ヲ受領シ一意専心其ノ修練ニ邁進セザルベカラズ而シテ諸子ノ教育薫化ニ任ズベキ職員及上級生徒ノ指導誘掖細ニ亘リ懇切ノ詳ヲ極ムベシト雖モ苟モ之ニ馴レテ受動退嬰ノ弊ニ陥ルコトアランカ之自然ニ伸張セントスル進取ノ意気ヲ自ラ摘去セントスルモノニシテ他日ノ大成望ムベカラザルナリ諸子ハ宜シク前述ノ要目ニ基キ自啓自発求メテ学ビ自ラ己ヲ開拓スルノ心掛ケアルコト肝要ナリ顧レバ今ハ敵ノ反攻日ニ激化シ皇國ノ興廃ヲ決スル大戦ハ将ニ本土ニ於テ開始セラレントスルニ立至レリ國ヲ挙ゲテ之ガ撃砕ニ邁進スベキノ秋諸子亦大イニ発奮興起スル所ナカルベカラズ然レドモ銘記スベシ諸子ガ速ニ其ノ戦列ニ参ジ得ルノ道ハ一刻モ早ク生徒トシテノ修業ヲ完了スル以外ニ求ムベカラザルコトヲ即チ諸子刻下ノ戦闘任務ハ一ニ訓育作業ニ専念スルニアリ徒ニ戦局ノ推移ニ一喜一憂シテ心ノ浮動ヲ見ルガ如キコトアランカ生徒タルノ本分ニ悖ルモノト云フベク潜心冷静当面ノ道ニ精励スルハ是軈テ時至ルノ際猛然蹶起スルノ準備タルヲ弁ヘ其ノ本旨ヲ誤ラザルヲ要ス（終）

◇　岩国監事長通達生第二八号　昭和二十年五月二二日　監事長

・体技競技実施法案

一．実施期日　及　場所　五月二七日　自〇八三〇　於　練兵場

二．服装　（イ）　教官　適宜

（ロ）　生徒　体操服　運動靴

三．関係委員並ニ委員附　次表

職務分担	委員	同附	携行物件
全般	生徒隊監事	信教（一）	喇叭一
全般補佐	体育班長 体操主務教官 生徒隊附監事	砲教（一）	伝声器一
繰出	大塚大尉 田中技中尉	一二部生徒一（二） 号各分隊一名 体教（一）水教（一）	伝声器一
出発	外山少佐 谷　中尉 秋山中尉	一一班生徒一号 各分隊一名 体教（一）砲教（一）航教（二）	銃二（空砲若干） 秒時計
決勝	窪　少佐 福田少尉 蛭川少尉	一二班生徒一号 各分隊一名 教一〇（五）	机若干 筆記要具
競技実施	竹山少佐 乾　少尉	体教	委員所定
成績調査	妹尾少佐 笹井少尉	教（五）	筆記要具
通信	通信科教官	委員所定	拡声器一
設備	生徒隊附	委員所定	同上
救護	軍医長	委員所定	同上

四．実施要領

（イ）分隊対抗競技トス（但シ教官ハ班対抗）

（ロ）教技種目並ニ要領　別表第一

（ハ）成績決定並ニ褒賞

（一）各種目ノ総得点ヲ以ッテ分隊成績順位ヲ決定優勝分隊ニ対シ賞状ヲ授与ス

（二）総得点同一ナルトキハ綱引キノ成績ニヨリ順位ヲ定ム

（三）賞品授与並ニ講評訓示

競技終了後中央号令台前ニテ実施ス

（ホ）雑件

（一）抽籤ハ二十六日一二三〇　当直監事室ニテ行フ各分隊体技係生徒参集スベシ

（二）生徒選手ハ二〇〇〇米継走綱引騎馬戦以外一人一種目トス

◇別表第1

順序	種目	選出員数	実施要領	與点法	場所
一	総員体操	総員	中央号令台前各分隊一列縦隊生徒館側ヨリ十一部十二部、部内ハ分隊番号順		フィールド
一	一〇〇米	各分隊二名	各訓練班毎ニ予選ヲ実施二位マデ決勝ニ出場ス	予選一位は五点決勝一位ハ更ニ六点ヲ与ヘ以下順次一点減トス但シ二〇〇〇米継走ノミハ決勝ニ於ケル与点ヲ一二点トシ以下順次二点減トス	トラック
⑬ 二	二〇〇目	二〃			トラック
⑭ 三	四〇〇目	〃 一〃			トラック
⑭ 七	一〇〇〇米	〃 一〃			トラック
⑰ 九	二〇〇〇米継走	〃 二〇〃			トラック
一〇	四〇〇〇米	〃 一〃	水上隊格納庫一周		水上隊格納庫付近
一五 ⑱	百足継走	〃 五〃	五名一組トナリ片足宛長縄ニテ結ビ二〇〇米継走		トラック
四	倒立継走	〃 八〃	二名一組補助倒立ニテ各人二五米宛歩行		フィールド
⑫ 六	綱引	各分隊総員	各分隊トーナメント式勝抜キ勝負（一回勝負トス）	一位一六点、二位一二点、準決勝ニ敗レタモノ八点、三回戦ニ敗レタモノ四点、四回戦ニ敗レタモノ三点	フィールド
八	教官対抗四〇〇米継走	四名宛	一名一〇〇米宛疾走	一回毎ニ一位三点、二位二点、三位一点、四位〇点トシ総点ニヨリ決定	トラック
一一	各科教官対抗継走	各科四名	一名一〇〇米宛疾走		トラック
五	教官二人三脚	教官総員	各班対抗二名一組トナリ手拭ニテ片足ヲ結ビ五〇米ノ旗ヲ廻リ継走ス		フィールド
二〇	騎馬戦	総員	各班対抗組合セハ一一一二一、一二一二二	採点セズ	フィールド
二一	終末体操	総員	最初ノ体操ニ同ジ		フィールド

一．情況ニ依リ順序ヲ変更スルコトアリ

二．順序欄丸内ノ数字ハ決勝戦回次ヲ示ス

三．百足継走出場者ハ一人ニツキ手拭二本ヲ用意ノコト

◇海軍兵学校閉校時の栗田健男校長訓示

海軍兵学校から復員後、七五期生徒は卒業証書、七六期・七七期・七八期生徒は修業証書、および校長訓辞、今後の心得と参考事項に関する書類が渡された。

訓　示

百戦効空シク四年ニ亙ル大東亜戦争茲ニ終結ヲ告ゲ、停戦ノ約成リテ帝国ハ軍備ヲ全廃スルノ止ムナキニ至リ、海軍兵学校亦近ク閉校サレ、全校生徒ハ来ル十月一日ヲ以テ差免ノコトニ決定セラレタリ。諸子ハ時恰モ大東亜戦争中、志ヲ立テ身ヲ挺シテ皇国護持ノ御楯タランコトヲ期シ、選バレテ本校ニ入ルヤ、厳格ナル校規ノ下、加フルニ日夜ヲ分タザル敵ノ空襲下ニ在リテ、克ク将校生徒タルノ本分ヲ自覚シ、拮据精励、一日モ早ク実戦場裡ニ特攻ノ華トシテ活躍センコトヲ希ヒタリ。又本年三月ヨリ防空緊急諸作業開始セラルルヤ、鉄槌ヲ振ルッテ堅巌ニ挑ミ、或ハ物品ノ疎開ニ建造物ノ解毀作業ニ、或ハ又簡易教室ノ建造ニ自活諸作業ニ、酷暑ト闘ヒ労ヲ厭ワズ、尽瘁之努メタリ。然ルニ天運我ニ利非ズ、今ヤ諸子ハ積年ノ宿望ヲ捨テ、諸子ガ揺籃ノ地タリシ海軍兵学校ト永久ニ離別セザルベカラザルニ至レリ。惜別ノ情、何ゾ云フニ忍ビン。又諸子ガ人生ノ第一歩ニ於テ、目的変更ヲ余儀ナクセラレタルコト誠ニ気ノ毒ニ堪エズ。

然リト雖モ、諸子ハ年歯尚若ク頑健ナル身体ト優秀ナル才能トヲ兼備シ、加フルニ海軍兵学校ニ於テ体得シ得タル軍人精神ヲ有スルヲ以テ、必ズヤ将来帝国ノ中堅トシテ有為ノ臣民ト為リ得ルコトヲ信ジテ疑ハザルナリ。生徒差免ニ際シ海軍大臣ハ特ニ諸子ノ為ニ訓示セラルル処アリ、又政府ハ諸子ノ為ニ門戸ヲ開放シテ進学ノ道ヲ拓キ就職ニ関シテモ一般軍人ト同様ニ其ノ特典ヲ与エラル。兵学校亦監事タル教官ヲ各地ニ派遣シテ、漏レナク諸子ニ対シ海軍ノ好意ヲ伝達セシムル次第ナリ。

惟フニ諸子ノ前途ニハ幾多ノ苦難ト障害ト充満シアルベシ。諸子克ク考ヘ克ク図リ将来ノ方針ヲ誤ルコトナク、一旦決心セバ目的ノ完遂ニ勇往邁進セヨ。忍苦ニ堪ヘズ中道ニシテ挫折スルガ如キハ、男子ノ最モ恥辱トスル処ナリ。大凡モノハ成ル時ニ成ルニ非ズシテ、其ノ因タルヤ遠ク且微ナリ。諸子ノ苦難ニ対スル敢闘ハヤガテ帝国興隆ノ光明トナラン。

終戦ニ際シ下シ賜ヘル

詔勅ノ御趣旨ヲ体シ、海軍大臣ノ訓示ヲ守リ、海軍兵学校生徒タリシ誇ヲ忘レズ、忠良ナル臣民トシテ、有終ノ美ヲ済サンコトヲ希望シテ止マズ。

茲ニ相別ルルニ際シ、言ハントスルコト多キモ又言フヲ得ズ。唯々諸子ノ健康ト奮闘ヲ祈ル。

昭和二十年九月二十三日

海軍兵学校長　栗田健男

◇海軍兵学校岩国分校之碑

〈碑文〉

太平洋戦争の戦局が急を告げた昭和十八年秋、海軍兵学校岩国分校は、兵学校生徒数の急増に対処するため、岩国航空隊の施設を転用して設立され、生徒数一〇七七名、二部二十四分隊の生徒隊編成を以て同年十一月に開校した。

同分校は歴史と伝統のある江田島本校に対し、教育環境も十分でなく、又急造の教育施設には不備不足の点も多かったが、教官、生徒共に不撓不屈の信念を以て戦時下の急速養成教育に邁進し、本校に劣らぬ立派な成果を収めた。

昭和二十年春以降、岩国周辺に対する空襲は激化し、その被害が生徒に及ぶのを避け、同年六月学校は山口県大島郡久賀町に疎開した。やがて終戦となり生徒教育をやめ、同年十二月一日付で岩国分校はわずか二年の歴史の幕を閉じた。

今般有志相寄り、往時を偲び、歴史の流れに思いを馳せるとともに、幽明境を異にした旧友の慰霊のため、当分校跡地に記念碑を建立した次第である。

昭和六十一年七月吉日建之

海軍兵学校岩国分校之碑建立委員会

海自岩国基地に建つ海軍兵学校岩国分校の碑

◇岩国分校久賀疎開地跡碑

〈碑文〉

海軍兵学校

健児

かつて

此の地に学ぶ

海軍兵学校岩国分校は昭和二十年六月戦禍を避けて当地に疎開し山口県及び久賀町の支援を受けて県立久賀高等女学校並びに町立久賀小学校をそれぞれ生徒館と講堂とに借用し生徒千余名の教育に当たった　同年八月終戦により岩国分校は解散し諸施設は旧に復した今般久賀町の御高配により当時の分校関係者が相図り往時をしのぶよすがとして当分校跡に記念碑を建立した次第である

昭和六十一年七月吉日建立

海軍兵学校岩国分校の碑建立委員会

現・周防大島町立久賀小学校に建立された岩国分校久賀疎開地跡碑

〈参考文献〉

『海軍兵学校ノ最期』乾 尚史　至誠堂
『海軍兵学校物語』鎌田芳朗　原書房
『海軍兵学校よもやま物語』生出寿　光人社
『海軍教育・成功とは、失敗とは』吉田俊雄　光人社
『先任将校』松永市郎　光人社
『灰色の海』草鹿外吉　光和堂
『タラワ、マキンの戦い』谷浦英男　草思社
『日本の空襲・補巻、資料編』松浦、早乙女、今井企画　三省堂
『岩国空襲の記録』岩国・戦争体験を語り継ぐ会編　一九八六年
『日本陸軍便覧』菅原完訳　光人社
Japanese Naval Vessels at the end of the war, Fukui Shizuo
『海軍兵学校六五期海軍回顧録』非売品
『海軍思い出すまま』岡田貞寛　非売品
『澎湃の青春　七〇期の記録』海軍兵学校七〇期会　非売品
『遙かなる回帰の海』兵学校七一期駆逐艦部会編
『連合クラス会第五回全国大会記念誌』一九九六年　非売品
『江田島讃歌抄』江田島考古学会勝手連　非売品
『続・江田島讃歌抄』江田島考古学会勝手連　非売品
『同袍の桜』富高海軍航空隊・飛練四〇期生回想録　非売品

『生徒館第一等』海軍兵学校岩国分校二二〇分隊七五期　非売品
『昭和二十年　最後の海軍将校生徒』海軍兵学校七七期会　一九八四年　非売品
「なにわ会ニュース」第九三号　兵七二期・機五三期・経三三期合同クラス会
「なにわ会ニュース」第九八号　兵七二期・機五三期・経三三期合同クラス会
「三号の心得」錦織重夫（七六期）
『江田島』七七期会報　No.四七
『永遠の三号　俺だけの海軍兵学校』（第一集）
『俺だけの海軍兵学校（岩国分校）』近藤基樹　イ一〇七
『海軍兵学校三号物語』植月淑郎　イ一〇七
「古賀辰巳・佐野吉彦メモ」イ二〇二
「生徒作業簿」福角治郎　イ一〇二
「生徒作業簿」日高基男　イ一〇六
『久賀小学校百年誌』久賀町立久賀小学校　昭和五三年五月一〇日
『写真で見る久賀町』山口県大島郡久賀町役場　平成六年一〇月三〇日
『周防大島』周防大島町　平成二二年三月
『歴史と人物』中央公論社　昭和五五年八月号
月刊『丸』二〇一一年一〇号　潮書房光人社
月刊『丸』二〇一四年七号　潮書房光人社
月刊『丸』二〇一四年八号　潮書房光人社

文庫版のあとがき

今年も終戦記念日の八月一五日が間もなく巡ってくる。しかし、ロシアのウクライナ侵攻、安倍元首相銃撃事件、政治家と宗教団体との好ましからぬ関係などなど、ニュースにこと欠かないせいか、恒例の終戦や戦争に関する記事が七月末になってもほとんど見当たらないように思われる。

昨年の今頃は開戦八〇周年とあって、開戦当日、真珠湾攻撃で捕虜第一号になった酒巻和男元少尉に関連していろいろな問い合わせが舞い込んできたが、今年はこの調子だと静かに過ごせそうだと思っていた。ところが、そうは問屋が卸さず、二〇一五年に潮書房光人社（当時）から出版した拙著『海軍兵学校岩国分校物語』を文庫化する話が、突然持ち上がって来たのである。そして、文庫版の「あとがき」も書いて欲しいと編集部からのご依頼があった。

そこで、単行本を発刊後、何かわかったことがないかと考えていたところ、「あとがき」の中で終戦当時、兵学校の在校生徒数が一・五万人に垂んとしたのは、「海軍は筆者たちを敗戦後の日本再建要員として温存しようと意図したのではと考えるのが妥当ではないだろうか」と書いたことを思い出した。一・五万人というのは、明治二（一八六九）年の海軍操練所（兵学校の前身）創立以来、七七年間に兵学校が輩出した海軍士官の数が一万一一八二名なので、僅々二年足らずの間に入校した三クラスと六七年ぶりに復活した予科の生徒数が、七七年間に卒業した生徒数を越えたことを意味する大変な数字である。

果たせるかな、新たに入手した資料からこの日本再建要員として温存という推測が正鵠を射ていたことが分かったので、その概要についてお知らせする。

七四期までは一クラスが一〇〇〇名を超えることはなかったが、七五期以降は、いわゆるマンモス・クラスになり、一クラスが三〇〇〇余名である。七六期と七七期は昭和一九（一九四四）年に身体検査と学科試験を同時に受験し、年長組が七六期として一九年一〇月九日に、年少組が七七期として二〇年四月一〇日にそれぞれ入校した。

結果的には、一九年一二月に入校予定の生徒を二倍採用して、一九年に一クラス、二〇年に残りのクラスを入校させたことになる。B－29の爆撃により本土が戦場になるとの危惧から、二〇年の試験は実施困難と考えたのではないだろうか。そして二〇年に実施予定の試験を一九年の一二月に繰り上げて四〇〇〇余名が採用され、七七期と同時期に針尾島に入校した。予科一期（七八期）である。

七六期、七七期の二クラスの採用人員数が決まったのは、遅くとも昭和一九年の二～三月頃と思われる。ときすでに開戦後の軍備の整った米軍の本格的反攻は、前年一一月下旬、二万七〇〇〇トンの「エセックス」級空母、それを護衛する速度三〇ノットを越える高速戦艦、戦闘機は零戦を凌駕する性能のF6Fを以てギルバート諸島マキン・タラワ島の侵攻を手始めに開始されていた。これに対する日本の軍備は遅々として進まず。日米の差は量だけでなく質も時間と共に加速度的に乖離して行った。山本五十六長官の言う「……二年、三年となれば全く確信の持てぬ」状態になっていたときである。二月初旬、その敵機動部隊の強力な攻撃を察知した連合艦隊は、トラック島から主力は内地に引き揚げ、遊撃隊はパラオに転進した。国内では年明け早々の一月八日、緊急学徒勤労動員方策が閣議決定され、学徒は学業を擲って、軍需工場で働くことになった。

この様な情勢下において、海軍中央が戦後のこと、すなわち日本の再建を考え、その要員を確保し、海軍で温存して教育、訓練することを考えたとしても、理解できる。しかも、その嚆矢として七五期の三〇〇〇余名はすでに入校している。七六期と七七期の採用人員数を決めるのは、前例に従えばよいので、さして困難ではなかったであろう。しかし、七五期の場合はどうであったか。それを決めた昭和一八年の春といえば、ガダルカナル島を撤退したとはいえ山本長官も連合艦隊も健在、アッツ島も玉砕する前である。内地においては国民の日常生活も平穏無事、緒戦の大勝利の興奮の名残すら感じられたときである。このとき、誰が敗戦を予知し、国家再建の要員を確保するための対策として昭和一八年末に入校する兵学校生徒の数を一挙に従来の三倍にしたかということに関心を持っていたが、その真相は分からなかった。

三好達氏（七五期）が「水交」№６４０（水交会、平成二七年）に「戦後七〇年に想う」と題するエッセイを寄稿し、昭和一八年当時、海軍省人事局長中沢佑（たすく）少将の下にあって兵学校生徒の採用も担当された寺井義守少佐の著『ある駐米海軍武官の回想』（青林堂）の中に、生徒の大量採用に関する海軍省内の秘話のあることを紹介しておられる。その秘話の要約は、次の通りである。

昭和一八年春、局長から「大臣（嶋田繁太郎大将）は『今年採用の兵学校生徒の人数を三〇〇〇名に増員してはどうか』とのことであるが、どう考えるか」と質問された。他の局員にも相談すると、今から採用した生徒が卒業して戦力になるまでに、恐らく戦争は終わっている。また、三〇〇〇名に増員した場合、現状では教官の手当てができないとの反対意見があった。局長はこの反対意見を諒とし、その旨を大臣に申し上げたところ、大臣は「それくらいは私も承知で、熟慮した結果である。陸軍は本土決戦で最後の一兵まで戦う心算で彼ら中学生も戦場で討ち死にするだろう。そこで、今の内に彼らを海軍に採って温存して置こうではないか。彼らこそ戦後の日本再建のための大切な宝である」と言われたとのことであった。

　当時の兵学校長は、帝国海軍きっての知性といわれた井上成美（しげよし）中将である。大臣案の実現に向けて積極的に協力されたのではないだろうか。そして、人事面や施設、経理面の諸問題を解決して兵学校生徒の大量採用が実施されることになったのである。

　正直に言って、兵学校生徒大量採用の発案者が嶋田大将と知って、筆者はいささか驚いた。というのは、戦時中、東条内閣の閣僚であった同大将の評価は、本から知っただけではあるが、はなはだ芳しくない。曰く、「東条（陸相）の副官」、「嶋ハンはおめでたいのだ」などなど。しかし、昭和一八年の初めにおいて、既に戦争の帰趨を見通し、戦後の国家再建のための人材確保を図られたこの件に関する限り、既に単行本の「あとがき」にも書いているので多くは書かないが、同大将の見識に深甚の敬意を表すると共に、「温存」されて勉学の機会を与えられたことに感謝するのみである。

今回の文庫化に当たっては、クラスメートの近藤基樹と寺田巌の両君には一方ならぬ支援を戴いた。この場を借りて感謝の意を表したい。また、潮書房光人新社・坂梨誠司氏にも、ご尽力戴いたことに厚く御礼申し上げる次第である。

令和四年八月

菅原　完

『海軍兵学校　岩国分校物語』二〇一五年十月　潮書房光人社刊　改題

NF文庫

最後の海軍兵学校

二〇二三年九月二十三日　第一刷発行

著　者　菅原　完
発行者　皆川豪志
発行所　株式会社　潮書房光人新社
〒100-8077　東京都千代田区大手町一-七-二
電話／〇三-六二八一-九八九一代
印刷・製本　凸版印刷株式会社
定価はカバーに表示してあります
乱丁・落丁のものはお取りかえ致します。本文は中性紙を使用

ISBN978-4-7698-3278-2　C0195
http://www.kojinsha.co.jp

NF文庫

刊行のことば

第二次世界大戦の戦火が熄んで五〇年——その間、小社は夥しい数の戦争の記録を渉猟し、発掘し、常に公正なる立場を貫いて書誌とし、大方の絶讃を博して今日に及ぶが、その源は、散華された世代への熱き思い入れであり、同時に、その記録を誌して平和の礎とし、後世に伝えんとするにある。

小社の出版物は、戦記、伝記、文学、エッセイ、写真集、その他、すでに一、〇〇〇点を越え、加えて戦後五〇年になんなんとするを契機として、「光人社ＮＦ（ノンフィクション）文庫」を創刊して、読者諸賢の熱烈要望におこたえする次第である。人生のバイブルとして、心弱きときの活性の糧として、散華の世代からの感動の肉声に、あなたもぜひ、耳を傾けて下さい。